THE MOST POWERFUL YOU
7 Bravery-Boosting Paths to Career Bliss

[美] 凯西·卡普里诺——著
（Kathy Caprino）

汤君丽——译

她声音

她世界
女性自我成长之路

中国科学技术出版社

·北 京·

THE MOST POWERFUL YOU: 7 BRAVERY-BOOSTING PATHS TO CAREER
BLISS by KATHY CAPRINO
Copyright: ©2020 KATHY CAPRINO
This edition arranged with DON CONGDON ASSOCIATES, INC
through BIG APPLE AGENCY, LABUAN, MALAYSIA.
Simplified Chinese edition copyright: 2023 China Science and Technology Press Co., Ltd
All rights reserved.
北京市版权局著作权合同登记　图字：01-2020-6941。

图书在版编目（CIP）数据

她世界：女性自我成长之路 / （美）凯西·卡普里
诺（Kathy Caprino）著；汤君丽译 . — 北京：中国科学技术出版社，
2023.5
书名原文：The Most Powerful You: 7
Bravery-Boosting Paths to Career Bliss
ISBN 978-7-5236-0001-6

Ⅰ.①她… Ⅱ.①凯… ②汤… Ⅲ.①女性—成功心
理—通俗读物 Ⅳ.① B848.4-49

中国国家版本馆 CIP 数据核字（2023）第 068134 号

策划编辑	赵　嵘	**责任编辑**	高雪静
封面设计	仙境设计	**版式设计**	蚂蚁设计
责任校对	吕传新	**责任印制**	李晓霖

出　　版	中国科学技术出版社
发　　行	中国科学技术出版社有限公司发行部
地　　址	北京市海淀区中关村南大街 16 号
邮　　编	100081
发行电话	010-62173865
传　　真	010-62173081
网　　址	http://www.cspbooks.com.cn

开　　本	880mm×1230mm　1/32
字　　数	159 千字
印　　张	8.5
版　　次	2023 年 5 月第 1 版
印　　次	2023 年 5 月第 1 次印刷
印　　刷	北京盛通印刷股份有限公司
书　　号	ISBN 978-7-5236-0001-6/B·132
定　　价	59.00 元

（凡购买本社图书，如有缺页、倒页、脱页者，本社发行部负责调换）

大咖推荐

如果你曾经问过自己，"在我的职业生涯里，为什么我得不到想要的东西？"那么，本书正是你的必读物。在追求幸福的道路上，为什么你会面临寸步难行和举步维艰的局面？本书会给予你想要的答案！阅读本书，你会学到如何获得更多本该属于你的东西以及实现它的方法！

——辛迪·麦高文（Cindy McGovern）

《华尔街日报》（*The Wall Street Journal*）畅销书排行榜图书

作者、博士

讲述自己的故事，分享她曾经指导过的那些鼓舞人心的女性故事，推崇国家顶流思想领袖的策略——凯西·卡普里诺倾情书写，用深刻的经验揭露许多女性在自己期望的职业发展道路上受阻的原因。本书就是一本帮助你发挥自己最大潜能的应急指南。

——特雷·雷亚尔（Terry Real）

《新婚姻规则》（*The New Rules of Marriage*）作者、

关系生活学院（The Relational Life Institute）创始人

我们听到过许多关于女性如何寻求更加有意义的职业发展的建议，但这些建议大多并不实用，因为它们忽略了当今商界阻碍女性发展因素的真实写照。本书会给予读者从调查中总结出来的指导内容和直言不讳的忠告，告诉女性应该如何在职场上发挥自己的最高水平来出色地应对一切挑战。同时，本书还给出了七大权力提升的步骤，以此来消除个人和社会层面上的各种障碍。

——朱迪·罗宾奈特（Judy Robinett）

《如何成为权力连接器》（*How to Be a Power Connector*）作者

如果你曾面临事业发展寸步难行的困境，那么你需要赶快读读本书。凯西·卡普里诺在书中分享的深刻见解、丰富的经验和衷心的建议，会让你感觉好像拥有了自己的私人职场教练，指引你摆脱一成不变的状况，并取得最终的成功。

——盖伊·汉德瑞克（Gay Hendricks）

《大飞跃和有意识的运气》（*The Big Leap and Conscious Luck*）作者

在本书中，凯西·卡普里诺把赋权、同情心、可行性建议以及引人入胜的真实故事结合起来，向读者展示了解锁自身全部潜能的方法，并将帮助读者最终实现事业上的蒸蒸日上。当你读完本书的最后一页，这些会带来情绪影响的职场建议一定会让你产生共鸣并且受益匪浅。

——迈克尔·斯塔拉德（Michael Stallard）

《连接文化：工作中共享身份、同理心和理解的竞争优势》（*Connection Culture: The Competitive Advantage of Shared Identity, Empathy, and Understanding at work*）作者、文化连接与齐心协力集团（Connection Culture Group and E Pluribus Partners）董事长兼共同创始人

本书献给我深爱的孩子朱莉娅（Julia）和艾略特·利普纳（Elliot Lipner），她们教会了我很多事——无条件的关爱、同情之心、不屈不挠和无畏的精神、面对困难时表现出的幽默和战胜恐惧的力量，以及最重要的是，用我们的光照亮这个世界。

目录

大多数人认为影子只会出现在人们或物体的前后或四周，但事实上，它们还环绕在语言、思想、欲望、行为、冲动和记忆的周围。

——埃利·威塞尔 [①]（Elie Wiesel）

有时，看似最不起眼的语言却能在一分钟内改变你的生活。仅仅一句话或一个小小的疑问就可以改变未来的一切。它能让你在绝望的生活中看到机遇。

时间回到 2001 年 10 月，我的心理治疗师对我说的话，足以永远地改变我的生活。他说："我知道，这似乎是你有史以来所面临的最糟糕的危急关头，但在我看来，这却是你在成年后第一次有机会可以选择成为什么样的人。那么现在，你想成为什么样的人呢？"

那是 10 月下旬的一天，在美国发生的"9·11"恐怖袭击

[①] 埃利·威塞尔（Elie Wiesel, 1928—2016），1986 年诺贝尔和平奖得主，美籍犹太裔作家和政治活动家。——译者注

事件已经过去了一个月，天空一碧如洗、万里无云，我坐在心理治疗师亨利·格雷森（Henry Grayson）博士的办公室里，用已经被泪水浸透的纸巾掩面而泣。就在那一周，在美国康涅狄格州一家营销公司担任高管的我被解雇了。我本应该在门外手舞足蹈，感到如释重负，但事实恰恰相反，我只觉得溃败和迷茫。我努力工作——经常加班，取悦那些我无法理解的人，完成领导交代的一切事情，即使有些事情我并不认同。除了失去自我和失去内心中的正直以外，我似乎无法再找到一种方法，在这个工作岗位上取得"成功"了。

我在这个岗位上工作了两年——实际上，在我整个 18 年的职场生活中，我常与那些我无法克服的挑战做斗争，我举步维艰，尽管有时候我好像就快成功地战胜它们了。我在快 40 岁的时候，因气管感染而患上了慢性病。不久之后，我开始面临女性危机，这些都是你有所耳闻却永远不愿意经历的事情：性骚扰、性别和年龄歧视、工作与生活的失衡、控制欲超强的老板、因公开表态和果断行事而受到指责、因为不会"遵守游戏规则"而被边缘化，等等。

我意识到我需要寻求他人的帮助，于是我行动了起来。但是，由于各种我无法理解的原因，最终没能做出相应的改变。我找不到让事业发展得更好、工作更快乐的具体方法。让我无法做出改变的一个最关键原因是，我害怕换工作会让我失去高薪以及我的家庭所需要的各种福利待遇。我不想离开工作已久的岗位，失去曾经因努力工作而得到的一切，不知道自己还能做什么其他工作。于是，我就陷入了寸步难行的困境。

勇敢时刻的闪现

"你现在想成为什么样的人呢？"心理治疗师的这个问题，让我终于在那一瞬间有了敢于正视自己的勇气，迈出的第一步使我能够更多地掌控自己的生活和工作。"你想成为什么样的人呢？"回答这个问题不仅让我开始思考我是什么样的人，更让我思索我能成为什么样的人。

闪现洞察力的那一刻，我看见了一个万分悲伤、缺乏安全感的人，这不是我想要的人生故事的结局。在那次起决定性作用的谈话之后，我变得做事更加大胆、更加有影响力，而且还开辟了一条永久改变我的全新道路。

"你想成为什么样的人呢？"，在回答心理治疗师的这个提问时，我脱口而出："我不知道！我就想成为你这样的人。"我们俩足足笑了一分钟。接着，他又问了一个更加有震撼力的问题："成为我这样的人，对你而言，意义何在？"我思考了一分

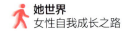
钟，回答道："我想帮助别人，不想伤害别人，也不想让自己受到伤害。"

于是，我们便开始思考我如何才能"帮助别人"。由于我们已相识多年，他认定我能成为一名优秀的心理治疗师。于是，他建议我找几个适合我的关于治疗师的硕士学位项目来学习。

开启我的新生活和新事业

三个月后，也就是 2002 年 1 月，我报名参加了费尔菲尔德大学（Fairfield University）的婚姻与家庭心理治疗学硕士课程。从开学第一天到所有课程结束，我学到的知识改变了我看待自己和他人的方式。我用一种新方式明白了比我们的生活和人际关系更深层次的事情。于是，我成了一名婚姻和家庭方面的心理治疗师，并工作了许多年，为很多遭受过人生最黑暗时光的男性和女性提供了心理咨询服务，他们的悲惨遭遇包括强奸、乱伦、恋童癖、吸毒成瘾、自杀冲动、谋杀未遂等。这份工作也改变了我的整个人生观。

我发现自己很喜欢与职业女性打交道，她们梦想改变自己的工作和生活，渴望取得更多的成就、成功和影响力，却苦于找不到方法。我亲眼看见过女性通过提升自己的勇气和自信所带来的变化以及她们是如何给自己身边的所有人提供帮助的。

在心理治疗领域工作四年后，我转行成为职业、行政和领导力方面的教练，这样我就可以致力于帮助职业女性提升自我、促使她们获得事业上的进步和繁荣发展。于是，我开始针对这些话题发表文章、出版书籍、进行演讲。

几年前，我就注意到针对职业女性需要处理的一些常见问题。同时，我决定从全局角度出发，审视众多职业女性普遍经历的不幸、失望和幻灭，并深挖其背后的原因。我想弄明白为什么全球成千上万的职业女性好像都面临过同样的挑战，这些挑战困难重重、耗费精力，而与我打过交道或聊过天的男士们却似乎并没有经历过同样的挑战。

在过去的十几年中，看着由成千上万次的面试、访谈和客户会议案例汇集而来的数据，我问了自己这个核心问题：“在这些职业女性的生活中，到底是什么因素的缺失导致了她们不能拥有她们应该得到和期望得到的快乐、成功、满足感和影响力呢？”

我基于研究所得出的答案是：最关键的因素是勇气和权力的缺失。

从我们的讨论里可以清楚得知，许多女性需要具备更多的勇气去积极而明确地处理存在的问题（这也是我在职场生活中

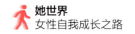
最黑暗的时刻需要的东西），更积极地运用权力来做出关键性的改变，创造和获得更多的成功与幸福。

当我谈到"权力"一词时，指的不是压制他人做事的权力，而是指一种可以让我们的生活得到改变的权力，让我们获得更多勇气、信心、威信和影响力的权力，它可以在通往成功的道路上和获得满足感的过程中帮助我们战胜一切困难。

该研究还揭示了以下内容：

职业女性面临七大明确且具有破坏性的权力差距，这阻碍了职业女性获得成功、寻求个人发展和发挥她们的最大潜能。无论这些女性从事什么行业，拥有什么层次的教育水平，有着什么样的身份地位，这些权力差距都普遍存在于女性群体之中。这些权力差距也同样普遍存在于女性企业家、公司职场女性、女顾问、女性个体从业者和从事其他类型工作的女性群体之中。

这七大具有破坏性的权力差距分别是：

1. 对天赋、才能和技能缺乏自我认知。

2. 因缺乏勇气而惧怕与人交流。

3. 不愿开口索取你想要和应得的东西。

4. 没有寻求外界有影响力的支持。

5. 默许职场暴力行为，不敢大声说"住手！"

6. 忽视人生中让你充满激情的梦想。

7. 用过去的精神创伤定义自己。

我把这些具有挑战性的事情称为权力差距，因为我看到这些差距会随着时间流逝而越变越大（就像路面上的裂痕会随着时间的推移而越变越宽一样），这会让我们失去取得成功所必备的东西：充沛的精力、积极的心态、满满的自信心、清晰的思路、乐于奉献的精神和自我的权威性。如果不及时处理这些差距，那么时间越久，差距就会变得越大，我们的自信心、自控力和自尊心也会慢慢地被消耗殆尽。

权力差距的普遍性

为了定量评估这些差距的普遍性，我开展了一项调查，其结果正好印证了定性研究结果：98% 参与调查的人表示，在这七大权力差距当中，她们曾经经历过至少一项权力差距，而超过75% 的人甚至会同时经历 3 个或 3 个以上的权力差距。

在许多的案例中，权力差距的产生并不是源于单一的某一件事或某一个状况，而是在各种经历当中慢慢形成的。其中包括我们的童年生活、曾经受到的鼓舞、承受的压力、习得的思维模式、感知和交流能力以及对自我的认知方式。这些受到社会、家庭、社交媒体和其他方面影响而渐渐形成的权力差距，会对我们个人和工作生活中许多重要方面的起起落落产生影响。

事实上，缺乏自信、担心显得过于自信或不太会取悦他人，这些不是我们天生的特质。我们习得的行为和信念正好反映出我们所接受的教育，这是我们被期待的样子。通常，我们在家庭生活以及后来的工作中所扮演的角色，实际上不是真实的自我。相反，角色扮演成为我们用来获得成功、建立安全感和被人接纳的方式。

举个例子，最近有大量的研究表明，女孩到了 14 岁就会变得"神神秘秘"，4 岁前表现出来的自信满满也呈现断崖式下降。女孩们开始思考随意表达自己的真实信念和想法是否属于安全之举。于是，她们就选择了闭口不谈，而自我认同感也随之消失。

保持完美、惹人喜爱、魅力四射、见机行事、因遵循严格的性别刻板印象而远离了自信、果断的行事风格，让女性承受着巨大的压力。《信心密码》（ *The Confidence Code* ）是一本富有开创性的书籍，作者凯蒂·肯（Katty Kay）和克莱尔·施普曼（Claire Shipman）在该书中揭露了这一点：即使女性在某方面取得了前所未有的成绩，她们的内心还是会产生自我怀疑。两位作者在书里提到，"女孩总是在意别人对她们的看法和想法，纠结是该去参加体育运动还是该去参加学校的话剧演出，为什么自己的成绩没有取得'完美的'分数，自己的社交网络账号获得了多少点赞和粉丝。"

约瑟夫·格伦尼（Joseph Grenny）和戴维·马克斯菲尔德（David Maxfield）的行为学研究揭示，在工作中，做事果断的女性的竞争力和价值感要远远低于果断行事的男性，并且女强人还会受到指责。

此外，我看见许多曾在职场经历着严峻挑战的职业女性，甚至是那些就快要实现目标的职业女性，常常被灌输的观点是她们应该在生活中的各个重要方面都成为卓越的人。她们认为这一点很重要，她们觉得自己应该遵守一个标准和一些具体的方法来行事，而这可能并不是她们真正想要做的事情或想要成为的人。许多受访者表示，她们不得不通过扮演别人来获得父母的关爱和支持。一个人在压力之下，假扮成另外一个人成长，就会对内心中的那个真实的自己产生羞愧和负罪感，从而导致内心抗拒、惧怕公开表态、不敢坚持她们的追求和信念。这些具有挑战性的事情直接阻碍了她们在工作中营造快乐感和满足感的能力的发挥。

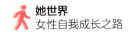
当然，许多人最初不会经历这些具有挑战性的事情，但也有些人确实能够应对和战胜这些挑战。即便如此，我还是会看到，多年来在工作和职场人际关系中苦苦挣扎寻找幸福感和满足感的人却常常感到痛苦，这种痛苦来源于无法成为或展现的"真实自我"，这一直影响着她们现在的生活。

那么，不管过去的遭遇和自己现在的处境如何，今天的我们应该如何变得强大和赋权自己呢？

我们通过具备始终如一、坚定执着的勇气去创造更加快乐的生活和更令人愉快的工作，这会让我们成为自己生活的主人。这需要胆量和勇气去迎接新机遇并树立自信，学会审视真正的自己，学会大胆表态、学会索取、学会交际、学会帮助他人和勇敢治愈自己，让我们成为自己渴望成为的那个人。

这种勇气会让我们生活的天地变得更加广阔，人也能变得更加自信和快乐。寻找勇气是一种心态和一系列的行动，它让我们明白自己是绝对值得而且绝对理所应当去创造许多女性梦寐以求的成功、满足和喜悦的。

不管是过去还是此时此刻正在面临和经历的事情，你都可以通过缩小这七大权力差距来努力解决让你失去动力、自信心和控制力的问题，改变你所面临的挑战，帮助你过上你所向往的生活并找到你渴望的工作。

本书基于调研发现的勇敢途径，会让你学会缩小每一种权力差距的方法。

权力差距	缩小权力差距的勇敢途径	解决的措施
1. 对天赋、才能和技能缺乏自我认知	正视自己的勇气	明白和认识到自己的天赋和优点，看到自己更多的能力和价值
2. 因缺乏勇气而惧怕与人交流	表达自我的勇气	停止使用道歉式或软弱无力的语言与他人交流你的想法和意见
3. 不愿开口索取你想要和应得的东西	开口索取的勇气	认定你想要的东西，找一个强大的理由去实现它
4. 没有寻求外界有影响力的支持	搭建人脉圈的勇气	与能给予你成长支持的那些有影响力的人建立联系和纽带
5. 默许职场暴力行为，不敢大声说"住手！"	直面挑战的勇气	勇敢地反抗你在生活和工作中遇到的委屈和不公平的待遇
6. 忽视人生中让你充满激情的梦想	实干的勇气	采取措施探索新方法或支点，以有意义的方式从事令你兴奋和满意的工作
7. 用过去的精神创伤定义自己	治愈的勇气	治愈过去那个受伤的自己，才能让你在未来的生活里出色地应对一切事情

我希望本书每一章的内容都能帮助你获得必备的勇气和权

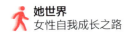

力，使你更愿意接纳和关爱自己，认识到自己确实有能力追求自己的梦想，为自己的生活和工作做出积极的改变。

本书每个章节都将通过讲述真实的故事、分享证实过的实用性策略和技巧的方式来帮助你一一缩小这七大权力差距。

努力寻找勇气的益处

当我们认同本书所分享的提升权力的方法，我们的工作就会有所改变，我们的生活也会充满更多的快乐、收获更多的成功。

女性采用这些方法后所收获的成长包括：

- 从事具有个人意义、个人成就感和个人影响力的工作。

- 获得本应该属于她们的尊重和赏识，成为有影响力的人。

- 发挥她们出众的才华和天赋，充满爱心、乐于助人，以批判性的方法帮助世界得到改善。

- 建立互惠互利、充实而健康的心连心关系。

- 摒弃自己的脆弱和对人际交往的惧怕，向别人展示更健康、更全面的自己。

- 通过坚定有力的协商和主张，为自己和他人争取积极结果。

- 努力成为自己孩子的出色榜样，成为行业导师，指导生活中全身心勇往直前的男性和女性。

- 从过去的伤痛和精神创伤中走出来，不再上文化类、家庭类和宗教类的课程，因为这些东西阻碍了她们看到自己的过人之处、自身的价值和个人影响力。

- 她们的言行举止应与她们的信念和价值观保持一致性。

- 以朝气蓬勃、积极向上的方式与人进行交流和联络。

阅读本书的收获

针对每一种权力差距，书中都会以直言相告的方式来讲述若干引人入胜的个人故事，分析采取具体行动来缩小权力差距的勇敢职业女性的案例，以及由此给她们的人生带来的改变。阅读本书，你将收获在现实生活中很实用的职业指导，并将帮助你学会如何使用书中那些人人都能做到的实操性很强的方法。

重塑自己需要从以下三方面入手：

1. 学会对内探索自我。问自己一些有帮助性的问题并找寻答案，这么做可以帮助你获得选择不同生活方式时所需要的觉

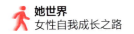

察力，做出改变，获得自我成长。

2. 学会对外采取行动。针对不同的人和事，采取不同的、具体的对外行动步骤。

3. 积极重塑自己。用一种新视角看待生活里的真相，这样会让你看到事情更多的可能性、积极性、希望以及拓展方向。重塑自己将让你用不同的方式看待现状，这样你就能发现并且敞开心扉去迎接那些令人激动的新机遇。

这些信息将指导你获得更多的积极权力和清晰思路，并去思考你到底是谁，什么事情会让你变得与众不同，你能完成什么样的事情，成为什么样的人。但更重要的是，这些方法将帮助你在做事、表态和帮助他人时更加有影响力、更加自信，不再害怕展现你的威信和影响力。

本书提供的帮助

在本书中，重要的内容是指导你获得更多的内心和外在的权力以应对职场生活。但本书提供的帮助还远远不止于此，你的个人生活也会得到积极的改变。尽管大家并不这样认为，但其实你很难做到轻易地把生活和工作分开。那么为什么你想要这样做呢？你在职场上是一个活生生的人，对吧？你的个性、职业特性、思维模式和行为习惯是紧密相连的。因此，如果你在工作的时候变得更加自信、更加有影响力，那么在个人和家庭生活里，你也会随之变得更加自信、能获得更多的满足感。

你不可能同时遭遇或存在书中提到的所有权力差距，但在我调查的女性当中，有 98% 的人表示自己存在或经历过至少一项权力差距。这些年，无数女性告诉我，她们不想成为有影响力的人。当我询问原因时，她们表示因为我们的社会和圈层里存在权力滥用的现象，所以她们不想拥有权力，甚至主动回避它。她们表示愿意成为更"高效"或更有"影响力"的人，但不想成为具有权力的人。

这样的想法带来的问题是：如果你刻意回避权力，你就失去了让自己变得高效、有影响力以及给世界带来积极改变的必备特质。没有权力，你就不能追求自己想要的生活和工作。

我想再次强调，我所说的"权力"不是"以伤害他人的方式来使用武力逼迫他人做事"。这是一种积极的权力，会让事情变得更好，会打开新的门，找到新的机会，能给自己和他人的生活带来不同以往的好处。

当你拥有更多积极的权力并且这种权力与你的内心、灵魂和价值观保持一致时，你就会鼓起勇气富有成效地阻止那些具有破坏性的事物和行为，将它们转变为对所有参与者都有好处

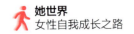
她世界
女性自我成长之路

的事情。权力本身并不坏——正是对权力的肆意滥用和操纵，才造成了它具有破坏性。

刻意回避权力意味着你错失了千次机会，无法积极地改变你的个人生活、家庭生活、伙伴关系甚至是社会圈层。如果你不愿意拥有积极的权力，你所追求和想要实现的生活就会因此而受阻。

当我们发挥积极的权力时，我们将会在五个层面获得惊人的改变：个人层面、亲属层面、机构层面、组织层面和社会层面。当你拥有更多的权力，你所带来的有益影响也会引起积极改变的连锁反应。

寻找勇气，缩小权力差距

我知道你已经准备好开启这段旅程，否则你就不会拿起这本书，毕竟你本可以连书名都不看一眼就从它旁边经过的。

鼓起勇气，好好看看自己和自己的生活，乐于接受必要的改变，让那些你认为重要的事情变得更顺利，从而获得更多成功。正如我在心理治疗培训课中学到的那样，"提升感知力，让生命有更多的选择。"当你对想要改变的事物拥有更清晰的认识，你就更能有意识、有智慧和有影响力地去实现目标。

通过阅读本书，你已经"同意"提升自己的觉察力了。你希望改变自己，拥有生活中更多的权力。这是积极改变的第一步，也是最重要的一步。

我将在这里陪你在改变的道路上迈出勇敢前行的每一步。

63% 的人表示
"确实存在"或
者"可能存在"
这种权力差距

1

权力差距 1:

对天赋、才能和技能缺乏自我认知

> 存在这种权力差距的人常常会说："我不知道我有什么过人之处或者天生具备什么样的才能。我认为我没有任何的特殊本领。"
>
> ＊ ＊ ＊
>
> 所思即所见。
>
> ——罗伯逊·戴维斯[①]（Robertson Davies）

[①] 罗伯逊·戴维斯（Robertson Davies，1913—1995），加拿大作家。——译者注

　　2017年年底，我认识了卡伦（Karen），她请我为她提供职业指导。卡伦50岁出头，在当地政府机构中担任流行病学家，是一位颇有成就的单身亚洲女性。在她将近20年的公共卫生工作中，卡伦开展了大量的数据研究工作——调查特定人群的患病数量、易感人群类型、地域性疾病和其他疾病的流行趋势，以及观察疾病的潜在致病原因。这些重要信息将有针对性地应用于社区疾病防控工作中，以此来分析、确认存在的公共卫生问题。

　　在工作生活中，卡伦一直在满足感、工作意义和目的性的问题里苦苦挣扎着。对她而言，工作中缺少了"人"的要素——她希望能与和她工作有联系的那些人建立更紧密的联络。卡伦希望在一种与以往不同的能力中表现她分析和解决问题的技术。这种能力可以让她亲力亲为地与人打交道，同时能让她在工作中看到即将收获的实实在在的成果。她渴望给世界带来积极影响，但最终她发现自己无法做到。

　　然而，当我们对卡伦的生活、工作以及她的思想和情感进行深入了解时，以她的生活和工作为基础的个人经历却呈现出了另一幅画面。我们渐渐理解了她多年来压抑自己的憧憬和梦想的原因：一部分的原因是她身为一名亚洲女性所接受的文化教育，另一部分原因是她刚长大成人时期的那段经历，让她认为应当先人后己，优先考虑自己的需求和想法是不妥当和错误的事情。在卡伦的人生中，她认为安稳是一个家庭最重要的事情，尤其是要有稳定的收入。卡伦已经内化了这些显性和隐性的期望，这表现在她对不确定性因素的恐惧，以及在生活或工作上不愿做出任何重大的转变这些方面上。

卡伦的成长过程受家庭的影响很大，这意味着她和家庭成员之间并没有界定出他们所需要的个人边界，而这个边界会让她感觉到自己是一个完完全全独立的"成年"人。当卡伦步入中年，她开始忽视生活中自己该扮演的重要角色，她不知道可以为世界做点什么，也不知道自己想要体验什么样的工作和生活。卡伦存在的权力差距是她没能意识到自己拥有渊博的知识、突出的才能和强大的能力，也没有意识到她这一生可以用她觉得有意义和快乐的方式去发挥这些才能。在我们第一次见面的时候，卡伦并不了解她自己。对他人、朋友以及整个世界而言，她其实是一个有价值、有才华的人，值得为自己的梦想做出改变。她没能意识到自己是一个值得被尊敬的人，她在工作中应该得到他人的欣赏和尊重。而且，由于这两种情况总是同时出现，卡伦似乎也没能意识到她值得获得一个优秀伴侣的珍惜和爱护。

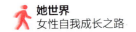
学会勇敢正视自己

我们通过一系列的职业指导帮助卡伦培养了勇敢正视自己的能力——用一种全新的视角去勇敢认识自己，学会表达更多的爱、更多的自尊自重，学会欣赏自己给世界带来的一切事物。

在我们的职业指导过程中，卡伦迈出了有影响力的一小步（详见绪论），这帮助她突破了对自身认知的局限性和片面性。卡伦必须要打破禁锢她的铁盒才能学会勇敢正视自己。她需要通过感受新的体验、结识新的朋友来提升她的自信，并帮助她在工作中实现她所期望的转变。开始行动后，那些看似微不足道的每一小步都会变得越来越有影响力，这让卡伦看清了自己生活的目标，开启了令她兴奋又充满活力的生活方式。这些有计划性且分阶段的步骤，让她学会用与以往不同的视角来看待自己——作为一名女性，她能够利用权力和影响力获得她想要的影响。同时，她还可以和那些令她钦佩的、同样也做出鼓舞人心改变的人建立起新的支持性的关系。

基于我多年给女性的治疗方案和指导经验，我知道卡伦有能力缩小对自身优秀才能和巨大价值缺乏认知的权力差距。这将教会她不再把自己放在最后，不再贬低自己的愿望和期盼。我知道，如果她最终能够认识到自己的技能、才华的重要性和存在的价值，能够以更好的方式将它们发挥出来，那么她最终会明白她值得拥有——而且也很容易创造——一个包含工作关系和家庭关系在内的更加充实和丰富的生活。

经过一年多的职业指导，卡伦终于找到了勇气面对和摆脱严重的精神创伤：十几岁时，卡伦目睹了她父亲身体健康每况愈下的情形。在她满 16 岁生日的一个月以后，她父亲就去世了。由于卡伦的家庭成员从来没有和她公开交流过他们经历的情绪变化，导致她无法接受父亲的离世。因此，她自闭了。父亲的去世让卡伦变得沉默寡言，同时也给她的成年生活造成了深远的影响。

作为一名成年人，卡伦在工作和生活里总是避免与人发生冲突，也不会去维护自己的需求。她变成了一位"完美主义功能过度者"——常常对她周围的人努力表现出完美的样子，乐于助人，讨好她周围的每一个人，拼命地做了很多没有分寸、有损健康和不必要的事情，同时还试图使自己在各个方面的表现都能得到满分。可悲的是，完美主义功能过度在当今的女性群体中非常盛行，到我这里来寻求职业及领导力提升的女性中，95% 都表现出这一特性。我作为一名婚姻和家庭心理的治疗师，在我接受的培训课程中了解过这样的行为特征，它与夫妻双方及其家庭的驱动力有关。我从课程中得知，一对夫妻不管哪一方表现为功能过度者，另一方（女方或男方）都不可避免地会成为一个未尽职的功能不足者。

造成这种情况的原因是两人在因某一缘由而相互吸引的同时，他们在功能水平上也存在着一种互补的驱动力（你吸引具备这一功能水平的伴侣并不是偶然事件）。被束缚在这种驱动力之中，夫妻双方都必须保持不能改变任何事情的恒定模式。即便如此，这种驱动力依然会导致很多不够令人满意的家庭关系和经历。卡伦给我分享了她的观点，她认为这种思维模式形成的根源在于根深蒂固的文化期望。她解释道，亚洲文化会过分强调完美主义和责任感。

对职业女性来说，完美主义功能过度行为的好处在于它迫使女性努力奋斗，进而取得优秀的成就。从表面看，这似乎确实不错。她们会发挥自己最好的水平来完成工作，在她们的工作岗位上拥有最佳表现。在很多时候，她们是单位里的多面手，总是以最佳水平办妥所有的事情。然而，苛求完美主义的坏处是极具破坏性的。女性会被这种功能过度思维所击垮，她们慢慢地会习惯于忽略自己的情绪，不认为自己所做的事情是还不错的或很有价值的。完美主义功能过度行为迫使女性把标准的门槛越设越高，导致她们对自己创造和完成的事情一直都不满意，对如今的自己也感到不满意。她们就是觉得自己不够好。

这是令人沮丧、疲惫不堪和糟糕透顶的一种生活方式。

想要学会勇敢正视自己就意味着卡伦要把完美主义功能过度的思想一层一层地撕掉，然后直面内心的恐惧，这样她才能主动将自己的生活放在第一位。卡伦最终敞开心扉，认识到自己拥有和磨炼了多种才能、知识和本领。卡伦还认识到她自己是一个有价值的、值得受人尊重的和惹人喜爱的人。她最终可以鼓足勇气去尊重自己的期盼，并用自己不同以往的心仪的方式去发挥她的才能。

卡伦决定勇敢去探索，最终她接受了为期三周的沉浸式志愿者项目体验，项目举办地位于北太平洋的马绍尔群岛共和国（the Republic of the Marshall Islands）。在那里，身为流行病学家的她向国际公共卫生项目提供了服务，完成了大约27000人次的结核病感染筛查以及确诊病例的后续治疗工作。

卡伦回来后告诉我，这次令人震撼的拓展经历迫使她走出了自己的舒适区，但这一举动反而增强了她的自信心和自尊心。卡伦能够"摆脱自己的思维"，真正融入志愿者工作所带来的体验和感受中。她全身心地沉浸于自我，专注于体验感而非思考。同时，这次志愿者的经历让卡伦明白，向别人展现自己脆弱的一面也是可以被接受的事情，这一举动让她在对待他人时变得更加坦诚。这次经历也让她取得了许多个人层面和工作层面上的突破，还帮助她认识到作为一名流行病学家应该更加充实地去生活，应该发挥自己直接的、有意义的影响力，因为她亲眼看到自己是如何利用自身有用的知识和技能给世界提供了很多帮助的。

卡伦逐渐意识到她还可以发挥更大的影响力，这反过来又让她把自己视为领导者和变革推动因素，让她变得精力充沛，想要完成更多的事情。她已投身于一系列全新的、拓展性的行动中去，这帮助她建立了自信心。她的每一步行动都会带来更让人兴奋的下一步行动。例如，她在社交活动中结识了一些非常出色的、给她提供帮忙和支持的人，他们向她打开了心门。同时，她和同事们进行了一系列的谈话，目的是在尽可能发挥她的能力和领导才华的情况下，帮助她思考自己未来的工作愿景和职业抉择。这些谈话帮助卡伦看到了她更换工作的可能性——让她把现在感到孤立无援的岗位，更换成让她能够具有更多影响力的岗位。

卡伦继续提升勇气和正视自己，解决由她母亲引发的痛苦问题，并采取行动从中一点点地脱离出来，让她最终能够过上更充实、更独立的生活，获得更多的自由出差机会，参与到更丰富的社交生活中，在她自己认为重要的工作中做出更大的贡献。

这些转变也迫使她打开大门获得新认知，这是她生活中渴望已久的东西——拥有一个关爱她、支持她的伴侣，让她能过上有意义的生活。卡伦为此扩大了她的交际圈，参加了一些不同于从前的有趣的社交活动，这可能为她提供一些结识自己终身伴侣的机会。

对卡伦来说，取得这些意义深远的转变并不是一蹴而就的，也不是在一两次的指导交流过程中就能形成的，而是历经了一年的时间慢慢发展而来的。卡伦做出的勇敢承诺和决定以及迈出的每一步，都让她一点点地体验到了完全不一样的生活状态。这些让她学会以一种新的视角去关注事物发展的各种可能性，并为她照亮了一条没有畏惧、没有障碍的辉煌道路。

可借鉴的循序渐进法

1. 通过更深入地观察她事业的发展轨迹，确定她的特殊才能、技术、观点和经验，使她更清楚地认识到自己的真实能力。

2. 尊重而不是忽视她内心期盼的更加完整、更有成就感和目标更明确的工作。

3. 让她知道追求新事物是"正确"而非错误的事情。同时，分析她内心渴望的事物，弄明白它们对她而言有着什么样的特殊意义。

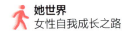
4. 采用可操作性的步骤，确认和亲身尝试各种令人激动的新方向，即使不能完全明白这些新方向将会把她带到何方。

5. 联络其他人，大力发展能够给她提供支持的人际关系网，构建一个愿意赋予她权力的团队来支持她的愿景。

6. 确认她的家庭情况、社会和文化熏陶以及曾经遭受的精神创伤是如何导致她的生活与她的真实愿景不一致的，并对此采取具体措施。

7. 寻求专业的帮助，开启辅导课程去治愈她过去的精神创伤和童年的苦难。

8. 面对可能来自她"部落"和她老板的强烈抵制，以及她内心的恐惧和自言自语，她应该更加有权威且更加大胆地表达自己的想法，明确地要求和维护她需要和追求的权利。

实现你的权力转变

为什么今天还有如此多的女性没有意识到她们所拥有的才能和天赋，以及她们对世界所做出的杰出贡献呢？为什么她们会认为极度喜悦、影响力和成就感是留给别人的呢？

在我的个人网站上，我发布了一份调查问卷：职业道路上的自我评估（Career Path Self-Assessment）——这项调查包含了我希望有人能够向我刨根问底地提出的发人深省的问题。我发现超过 60% 的女性受访者无法回答这三个关键性的问题：

- 你有什么过人之处？

- 你在生活中和工作中如何脱颖而出，让自己成为与众不同的人？

- 你最讨厌成为什么样的人，最讨厌做什么事情，你喜欢做什么事情？

这些女性对自己的看法和她们的支持者对她们的看法完全不同：支持者认为她们在这个世界上是极具天赋、头脑聪明、技艺高超、有价值和必不可少的一群人。

如果你没有发现自己的天赋，你就无法将它们发挥出来。那么，你就白白浪费了你的天赋，甚至可能浪费了你的这一生。

在波士顿大学（Boston University）读书时，我选修了新闻学和英国文学，我喜欢阅读各类书籍、学习各种观点，还学了写作。在伦敦学习了一年之后，我胸怀大志，计划等自己年纪再大一点就去干一番事业。我想象着自己在出版社工作的场景，希望自己能帮助作家们诞生伟大而重要的想法。

当我毕业时，我很快就实现了这些梦想。因为我担心

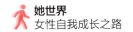

钱的问题，所以不得不接受了第一份工作的录用通知——在一家我并不感兴趣的科学出版公司做营销助理，这是一份入门级的工作。我不喜欢这份工作，但结果却是做得游刃有余，我把这份工作当作跳板，希望它可以帮助我找到一份更好的工作。但最终，我从事的工作并不符合我内心的想法，也不符合我内心关注的事情。

有趣的是，我在从事那份我并不感兴趣的工作两周之后，我得到了一个机会去面试一份我梦寐以求的工作——纽约一家著名小说出版社的编辑助理岗位，我愿意不惜一切代价为之工作。但我对自己说："我怎么才能得到这份工作呢？我现在不能辞职，否则就犯了严重的错误——他们会认为我是一个糟糕透顶的人。"这是一个关键的错误。最好的选择应该是去参加这份我梦寐以求的工作的面试，如果我喜欢这份工作而且最终收到了录用通知，我会对它说"我愿意"。

女性在不愉快的工作中挣扎数年的常见原因是：

1. 没有意识到自身所创造的价值。

2. 不懂如何参与高效职业规划的培训。

3. 没有尽早寻求指导，帮助自己做出更好的选择，找到一份富有成就感的稳定工作。

4. 关于如何在工作中取得成功和收获幸福，存在一些错误的想法或相信一些常见的误区（结果发现事实正好相反，成功的人未必会感到幸福。当我们越来越快乐，在生活中就会获得越来越多的成功）。

5. 没有认识到自己具备的才能是对世界有用的，而且可以通过更有影响力的方式利用这些才能赚钱。

6. 相信这样一个误区：追求你所热爱的事情，会让你的生活只剩下穷困潦倒。

认清自己的内心

如果认清自己的内心能够引起你的共鸣，我劝你好好利用这个星期的时间仔细思考一下你现在从事的工作。你现在从事的是你读高中或高中以后所梦寐以求的工作吗？你正在用你曾经所希望的方式改变着这个世界吗？你现在是否能表现出你年轻时所拥有的那种发自内心的激情、天资和才能？你在工作环境中感受到了自身的价值和来自他人的尊重吗？你会闪闪发光吗？

我了解到，作为成年人，当我们凭借年轻时与生俱来的、令人愉快的那些重要天资、激情和才能时，我们往往会感到无比的快乐。但相反，我们常常专注于那些我们擅长却不愿意使用的技能。当我们通过发挥自己的才能去给比我们自身更加重大的事情提供帮助时，我们也会感到非常快乐和非常有成就感。

玛丽亚·内梅斯（Maria Nemeth）在她优秀的著作《金钱的能量》（*The Energy of Money*）中分享道，"当我们展示我们所认识的真实的自己时，当我们以对他人做出贡献的方式形成我们自己的生活目标时，我们都是最快乐的人。"

对我来说，这些话说得太正确了：

你不必厌恶你赖以生存的工作，为了过上好日子，你不必觉得每天都活得不像自己。如果你确实是这样想的，那你在工作中就会感到非常难受。

发挥你的天赋、激情和才能，让你在这个世界上感受到自己的活力和价值。我遇见过的大部分职业女性都一致认为，为了过上富足的生活，她们只好关注如何赚钱，却无法关注那些能让她们感到快乐和激情四溢的事情。为了追求可观的薪水或从事稳定的工作，她们舍弃了工作中的成就感和快乐感。其实，她们不明白这两者之间并不存在势不两立的情况，而且也从来没有发生过这样的事情。

如果你觉得偏离了轨道，意识到你从事了一份不合适的工作或职业，我建议你采取以下三个步骤，帮助你从思想和行动上远离那些影响你发挥自身最大潜力的障碍，远离那些影响你用自己期望的方式为他人提供帮助的阻碍。

请远离：

1. 受害者心态和被困者心态。 能让你陷入困境的只有你自己。我许多的客户和课程会员都分享过，她们知道如何在工作中获取更多的满足和回报，但落实起来却很费劲。意识和潜意识的思维模式使我们沦为人质。

请尽你最大的努力思考一下，当你准备采取行动摆脱自己受害者心态的时候，你最害怕什么事情？是什么因素阻止了你去做必须要做的事情？你可以寻求帮助，找出阻碍你做必须要做的事情的原因。如果你反复思考这些问题，你将通过自己的努力创造出积极的改变。

2. 认定自己没有取得成功的必备条件。 我们经常拖自己的后腿，没能拥有更加幸福的生活和事业，这源于我们不知道为什么会坚信我们自己有缺陷、有缺失，或者不完整——我们不具备他人收获快乐和成功的条件。这种想法束缚了你，阻碍了你的社交和追求你自己想要的东西。没有任何一个人在开启重要旅程时就"拥有成功的必备条件"。在旅程中，我们要采取

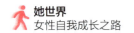
勇敢的、有力的行动去争取我们需要的东西。

3. 把你无法做事的原因归咎于外界因素。客户们都提到了工作止步不前的各种原因，但这些原因在很大程度上都是我们为自己找的借口。我相信这一点是因为我自己在工作中就找过很多借口，导致我无法做出改变。从"因为我要养家糊口，所以我现在不能辞掉或换掉这份令我不愉快的工作"的想法，到"我担心如果我开口提要求，他们会开除我"的想法，再到最终的想法："在这场游戏中，我想要换份工作，为时已晚"。我承认，想要优化工作，任务很艰巨，但我们最终都可以成功地找到正确的方法来应对这些情况，只要制订一个详细而周密的过渡计划，就可以聪明而有效地解决这些艰巨的任务。

对成千上万的女性来说，不仅是外界因素让你处于现在这种境况。其实还有很多其他途径，可能带来积极的发展和改变。我们必须要弄清楚我们是如何共同促成或造成让我们非常不满意的局面的。

我们无视自己优秀的四大核心原因

我的研究揭示了四个核心原因，导致女性常常难以理解或意识不到自己的出类拔萃、做事能干和过人之处；为什么她们很难认识到自己的天赋和才能？她们如何出类拔萃？她们如何以自己期望的方式去发挥这些才能进而影响世界？

这四大核心原因是：

1. 她们轻而易举完成的事情，似乎是不起眼、不足为奇的事情。

2. 那些糟糕的工作已经限制了她们的视野。

3. 她们找不到自己喜欢的工作，认为这是自身的问题。

4. 她们被灌输了要坚信自己没有什么过人之处，也不配拥有幸福和成功的观点，更可怕的是，她们在其他方面也是这样想的。

解决这些问题的方法如下：

1. 你轻而易举能完成的事情，也是非常特别的、极其重要的、引人注目的事情。

我们每个人都有自己独一无二的技能、才能和本领。其中一部分是通过接受教育、勤奋地工作和自身的努力而习得的，但另一部分则是我们从幼年时期就轻松获得的。

说到我的个人生活，我小时候当过歌手和演员，我热爱舞台。我还曾是一名有竞争力的网球运动员。我喜欢比赛、喜欢

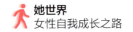
写作、喜欢钻研新事物、喜欢文学、喜欢心理学，还喜欢帮助我的朋友解决他们遇到的各种具有挑战性的问题。这些事情对我来说易如反掌，这也是我从事现在这份能带给我快乐的工作的原因之一——因为这份工作激发了我内心热爱的东西和我的职业天赋。

我们拥有的卓越才能往往在最初的时候表现得不起眼或者没有价值，但它们确实应当引人注目，且极具价值。这些都是我们可以利用的东西，我们可以用它们来寻求一份更快乐、更有经济实力和回报的职业。

采取行动

梳理出你自己的卓越技能，它们能反映出最快乐和最优秀的你。这周花点时间（至少 1 ~ 2 个小时）列出一份清单，全面了解你的职业轨迹。列一份清单写下你做过的每一份工作，给出你喜欢这份工作的理由、曾经遇到过的挑战、你不想再从事这项工作的原因，以及你想提出的下一个阶段的计划。然后将帮助你出色完成工作时用到的技能、才能和能力进行维度化。无论你今天的职业走到了哪一步，或者从事什么领域的工作，又或者就职于什么样的职位，都请写下你曾用到的每一种技术或才能，写下它帮助你取得了什么样的重要成果。

举个例子，我指导过的一位女性营销经理。要确认她为公司取得的"胜利"和理解她在其中所起的重要作用，这让她感到很吃力。在获得同事的极力推荐和全力支持以及在深入了解自己之后，她终于能够发挥让自己快乐的技能并有力地阐明她所取得的重要业务成果。

这是她新鲜出炉的清单：

- 建立重要的客户关系，增加可持续性的收入，发展新业务（必备技能：倾听能力、关系建立能力、客户发展能力）。

- 解决公司客户和内部营销团队之间最严重的分歧，创造更有效、更成功的优惠促销活动（必备技能：寻找解决分歧办法的能力、营销能力、促销能力、客户关系管理能力）。

- 在市场研究的基础上设计并交付成功的新产品，帮助公司实现产品的多样化（必备技能：创新能力、产品开发能力、策划能力、产品管理能力、营销能力）。

- 对潜在的收购行为进行市场及市场以外的研究，确保这些新投资的合理性（必备技能：研究能力、分析能力、收购能力）。

- 以令人信服的方式向领导团队展示专利研究数据和研究结果，帮助确认和证实新的市场营销、业务开发、产品开发

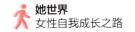

和会员收购策略，推动公司向前发展（必备技能：沟通能力、分析能力、研究能力、公众演讲能力、演讲技巧和后续服务能力）。

- 监管涉及所有部门数百名员工的大规模变革方案，将两个独立的业务部门成功地整合成一个部门（必备技能：项目管理能力、协调能力、组织能力、评估能力、分析能力、市场营销能力、协作能力）。

- 与外部公关公司合作，成功帮助公司获取公关机会，在公关活动中确保突出公司领导者的工作业绩，并将他们定位为所在行业的思想领袖（必备技能：公共关系能力、写作能力、研究能力、思想领导力培训技能、媒体公关能力）。

今天你在完成工作时使用了哪些优秀的技能？

一旦你完成这一系列的技能培训内容，你就会更清楚地认识到自身所具备的才能和本领，清楚地看到你在自己最热爱的工作中所创造的显著积极影响。

2. 不要让职场中的失败给你造成精神创伤：看似消极的结果并不意味着你是一个失败者。

女性通常无法确定和利用那些最有价值和最令她们感到高

兴的才能和本领，这其中的第二个原因是，她们的信心已经被工作中的各种波折所摧毁。

几乎每个人都会在工作岗位上或其他事情中出差错。要么是因为老板是个爱抱怨、传播负能量的人，要么是因为她们自己没能完成最重要的工作任务，要么从一开始这份工作就不适合她们，总之，工作时间一长，她们就受到了伤害。

可悲的是，我一次又一次地看到这些负能量工作、负能量老板和负能量同事能够让职场人士，特别是女性，在公司生活中活得像"战场上流血受伤的士兵"。没有人去了解是什么原因导致她们受到如此严重的影响，这种工作经历造成的精神性创伤导致她们痛不欲生、缺乏安全感、缺乏对自我清晰认知的能力、缺乏对她们有价值的技术和才能的认知。她们默许这样的经历摧毁她们所有的信心，摧毁对她们的自我以及自身能力清晰思考的能力。

针对这种现象的解决办法

如果有一份工作让你经历了痛苦和遭受了精神创伤，即使那是很多年前的事，也不要让你自己变得整天只谈论工作中负能量满满的事情（不要让过去的精神创伤打败你，详细的解决方法请参阅本书的第 7 章内容）。

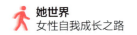

回顾过去，回忆这份工作中发生过的所有正能量的事情，认清你从中学到的对你有帮助的东西。想想你亲自完成的工作所带来的积极结果——你搭建的优秀人脉关系，你所创造和参与的有建设性的新事物和积极的成果，你作为一位领导者和管理者所做的改变，即使最终的结果并不是你所希望的。如果你能看到你人生和工作中那道长长的弧线，你会发现经常性的失业或被解雇是发生在你身上最好的事情。当然，尽管在当时，你肯定不是这样认为的。

3. 并不是因为你是一个无用的人，你才从事了那么多让自己不愉快的工作。

这个现象远比你想象中的更普遍。成千上万的职业女性实际上从未从事过或担任过她们所喜欢和有助于她们事业发展的工作或职责。这导致她们质疑自己的一切，并怀疑自身是否具备才能或技能。

为什么会发生这种情况？通常是因为她们从一开始就选错了职业。由于不得不这样做（通常是迫于文化压力、经济问题，或不想辜负别人的期望），有时候，她们被迫学习的领域，是她们读书和上大学时都不喜欢的领域。她们一直都不喜欢自己工作的另一个原因是，事实上，她们注定会成为企业家、改革者或企业创始人，她们已经尝试了让自己融入公司的文化，但最后发现这样做是错的。

针对这种现象的解决办法

你可能发现自己厌恶之前从事的所有工作，那是一种模式化状态（不是偶然发生的事情）。找出导致这种模式化反复出现的原因是至关重要的事情。模式化反复出现意味着我们正在做的事情，要么是引发或共同导致了模式化状态，要么是促使它一直存在。现在是时候采取不同于以往的行动方式，让你不再反复经历不愉快的事情，也不再反复浪费你宝贵的时间。

请回答这些问题：

（1）就我从事过的工作而言，我不喜欢它们的原因是什么呢？

（2）在这些工作中，我不快乐的原因是和单位文化、单位领导或是单位管理部门有关呢，还是与我个人的技能、个人兴趣和职位的匹配度相关呢？

（3）为什么我要接受并继续从事一份我讨厌的工作呢？

（4）回顾：在遭遇这些负能量的工作经历之前，我拥有什么技能和才能？当我在喜欢的工作中发挥了才能，感受如何？

（5）为了获得一种更有意义的经历，我可以在什么地方运

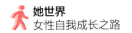
用这些技能呢？

（6）我对什么类型的单位、学术专业和领域感兴趣呢？我想要在哪些方面做出改变呢？

（7）当我去世时，想留下什么遗产呢？我需要说点什么、做点什么、贡献点什么，才能在这世界上留下我的足迹呢？

（8）我现在如何才能踏上准备遗产的那条道路呢（我应该采取什么不同于以往的行动呢）？

（9）是哪三大因素阻碍了我努力提升事业和做我真正喜爱的工作呢？

4. 你值得拥有巨大的成功和回报（即使你不敢相信这是事实）。

我写过很多关于自恋和情感操控的文章，总是会对收到的关于这些文章的答复而感到震惊。在参加我的项目寻求职业咨询的女性中，至少有 60% 的人都是在父母不同程度的情感操控中长大的，这给她们带来了心灵上毁灭性的创伤。

研究显示，全世界有成千上万的女性是被至少一名自恋型的人抚养长大，这严重破坏了她们的自尊心、幸福感、安全感以及她们的自信心和勇气。由自恋者或情感操控者抚养长大的人，会终身持有一种信念：尽管我们已经尝试和尽力去取悦他人，但我们还是觉得自己不够好。

这破坏了你的个人边界，成为你和外界系统之间一种无形的障碍，影响你和这些系统间信息的传播和输入。健康的个人边界既是快乐幸福生活的要素，又是从事一个有意义工作的要素。无效的个人边界会阻碍你进行真诚而富有感染力的沟通，不健康的界限则会破坏你自身的自我认知概念，这反过来会对你的人际关系以及你个人和工作的蓬勃发展产生负面影响。例如，大多数由自恋者抚养长大的成年女性不会意识到她们的边界是如何受到影响的，所以她们不会寻求必要的帮助去恢复和治愈自己，这是因为她们无法认识到小时候所经历的事情是不健康的和具有破坏性的。

那些童年遭受过情感操控的女性常常会变得过分敏感和极度缺乏安全感，并且在成年后无法认识到自己的优秀、自身的价值和讨人喜爱的品质。更可悲的是，她们对这样的操控习以为常，以至于她们在成年后的人际关系、工作文化和职场中一次又一次无意识地招致这种操控。

无论你童年时针对自身价值观和重要性接受了什么样的教育，如果你被灌输了自己是一个没有特长、不招人喜欢、不吸引人、没有价值也不怎么重要的人的这种思想，那么我有百分之百的把握告诉你，你接受了错误且对你有害的信息。

在你想要的生活和工作的新篇章中，你怎样才能看到自己

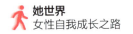
的特长和才能，并更清楚地认识到你的天赋和本领呢？

学会对内探索自我

从回答这 10 个问题开始。

1. 你在学校学习、你从事的每一份工作、你的个人生活中，已取得的十项最佳表现和成就分别是什么？

2. 你的个人履历、成长经历、家庭生活、文化等，是如何赋予了你一个别人不具备的独一无二的生活观？

3. 回忆你的童年：你酷爱做什么事情？它会让你觉得时间过得飞快，天天都过得很开心（天生的才能、爱好、活动、热情、兴趣等）。

4. 有什么事情对别人来说很难做到，你却可以轻松自如地完成？

5. 你曾经做过什么事情让老师、父母、朋友和同事记住你，还给予你赞美？

6. 在你的生活中，是否曾经有一个决定性的时刻或时期（正能量的或负能量的）塑造了你的未来？

7. 你重视什么样的价值观？

8. 你在哪些领域接受过专门的培训或有过经验？

9. 你喜欢做什么事？喜欢成为什么样的人？

10. 你曾经在什么方面给别人的生活带来了巨大的改变？

学会对外采取行动

对于那些竭力挣扎想要发现自身才能和才华的人来说，这些训练是有意义的：

1. 发现自己的优势。选出人生中你所尊重和钦佩的十个人，问问他们觉得你有什么特别之处和与众不同的地方。问问你的朋友，"你为什么选择和我做朋友？我身上具备什么品质，让你愿意继续和我做朋友？"

问问你的家人，"你对我的生活知根知底，你觉得是什么因素让我出类拔萃？你认为我具备什么特殊才能和本领吗？"

2. 积极行动起来。我发现这样一个现象：你在领英[①]上的"表现"，能够精准反映出你当前工作的表现。我只需花五分钟就能从领英网站上的个人档案中看出这些人的缺点，他们不懂得求职也是一种交流。求职者对自己从事的工作有所隐瞒或对所从事的工作都没有热情，或不清楚

---

① 领英（LinkedIn）：全球知名的职场社交平台，覆盖全球超 8 亿会员。领英致力于打造"一站式职业发展平台"，帮助职场人连接无限机会。——译者注

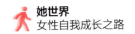
自身的优势，这都是从简历中可以发现的一目了然的事情。你大胆尝试分享你的特长并告诉他人为什么与你取得联系是值得期待的，这也是一目了然的事情。

好好钻研一下你投在领英网上的个人档案，这周或这个月之内发挥出你的最高水平去优化档案，让它能展示出一个更真实的你。

3. 建立有效的交流机制。优化个人档案的重要一点就是突出你取得的杰出成就和积极成果，并解释它们对你的重要性。列一份清单写下你具备并精选出的 30 项技能，上传到领英网的个人档案中，以获得来自网络联系人的技能认可。完成上述事情之后，请联系你喜欢一起工作和合作的 30 个人，问问他们是否愿意为你写推荐信，让他们谈谈他们眼中的你有什么优势，与你一起工作给他们带来了什么样的美好体验。我向你保证，他们热情洋溢的赞美之词会给你带来惊喜的。仅仅做了这一件事情，就能让你信心倍增。

积极重塑自我

我在这里将告诉你如何对当前事物的认知和思考方式做出

转变：

你的生活经历和所学的东西都导致你无法清晰地认知自身具备的了不起的品质和才能，也不知道你取得的成绩是多么的重要。但从今天开始，请你摒弃那些负面的教导。

要知道你是了不起的（其实地球上的每个人都是），这个世界迫切需要你的才能。你能接受并相信你的特别之处和你是独一无二的这个事实吗？你能更清楚地认识到自己已经给别人和世界提供了帮助的事实了吗？

认识和欣赏自己内在的优秀，这不是自大、自私的表现。恰恰相反，当你发挥你杰出的才能和本领帮助了他人时，你其实已经完成了你一直打算要做出的改变，并在这个过程中帮助了他人。你开始停止浪费时间，此刻你正坚信你来到这个世界上的真正原因是为了做出积极的改变，留下自己的足迹，让世界变得更美好。你也将更加有能力去帮助子孙后代和世界上的其他女性站起来，像你一样站起来寻求个人发展。这本身也是一种改变人生的经历。

只有当你意识到自己的优秀并发挥你的优势之后，你渴望获得的成功和成就才会向你走来。

请记住，是我们每个人自己确认要给世界提供什么样的帮助并好好利用它来帮助他人，没人会替你做这些事情。但当你

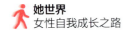

最终决定努力以自己的才能为傲和发挥你的才能时，当你相信你可以拥有令自己热爱和让自己骄傲的职业和生活时，勇敢采取行动（与以往不同的做法）就会慢慢实现你的愿景。接下来，你的未来必然会越来越好，你终将看到新的契机并让你的才能和天赋得以释放。

就从这个月开始行动起来，让你成为你年少时就想成为的那个自己，用你惊人的天赋来照亮这世界。

70% 的人表示
"确实存在"或
者"可能存在"
这种权力差距

权力差距 2：

因缺乏勇气而惧怕与人交流

存在这种权力差距的人常常会说："我没有大胆表态的自信和权威性。"

* * *

我花了很长一段时间才学会了表态，现在我既然已经学会了，就不再保持沉默。

——马德琳·科贝尔·奥尔布赖特[①]（Madeleine K. Albright）

[①] 马德琳·科贝尔·奥尔布赖特：1997 年 1 月出任美国国务卿，是美国历史上的第一位女国务卿。——译者注

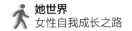

梅洛迪（Melody）几年前打电话给我，希望我给她提供职业指导，让她可以进一步发展自己的个人领导技能。那时，梅洛迪 40 多岁，在一家大型制药公司担任临床研究主任。她在事业上已经取得了一些成就，却年复一年地被同样的问题所困扰。她对自己的专业知识水平和技术能力信心满满，但面对与他人意见不一致、需要提出建议性替换方案解决一个问题的情况时，或面对会议、讨论和演讲时，她总是不敢表达自己的主张。作为一名领导，她想要更加轻松自信地表达她的观点和想法，发挥更大的影响力。梅洛迪确信，如果她能学会如何更自信地表达自己的想法，那么她将在事业上获得更大的发展。她想扩大自己的职责范围，获得更广泛的认可和尊重。当她来向我寻求帮助的时候，她并没有意识到不仅仅是她在领导力方面需要得到帮助。真正的问题是不管在工作中还是生活中，她需要克服许多阻碍因素，诸如是什么让她无法有影响力地与人交流，又是什么让她无法维护自身想法和意见等。

当她观察身边的同事时（大多是男同事），他们与人交流时表现出的是优雅得体、轻松自如，这似乎对他们来说是毫不费力的事情，但她却不明白为什么自己要做到这一点却如此困难。她问我："为什么我在工作中说话时会感到焦虑不安、缺乏安全感呢？我这是怎么了？为什么我做不到轻松自信呢？我知道我在说什么，也对我的项目情况了如指掌，但为什么与人交流时却显得困难重重呢？"

起初，她认为这是因为她在一个男性占主导地位的存在很多问题的行业工作。但随着我们更深入地了解情况，答案变得清晰可见，她目前的工作文化虽然会让这个问题发生，但这并不是它的根源所在。问题的根源在于：在梅洛迪的童年生活中，她总是深陷恐惧、受到责罚和遭遇语言暴力，而这种经历带来的伤害在工作中被不断地激发出来。每当她试图说出自己的想法时，她的童年经历就会引发她的焦虑感和不安感。

在给她做课程指导的几个月时间里，我对她的个人经历和童年生活有了更多的了解。显然，造成了她交流障碍的成因是她童年所处的生活环境和遭遇。这些经历让她变得害怕被人看见，不敢公开分享她的信仰和观点，不敢维护自己的想法。她告诉我，她的父亲是波兰人，母亲是西班牙人，他们总是观点鲜明、爱批评人（他们都是第一代美国移民）。她的父母脾气暴躁，爱骂人，她的父亲有时还会体罚她。当梅洛迪的母亲对她或者她的姐妹发火时，会刻薄地辱骂她们。她的父母认为这几个孩子都不太聪明，他们对自己的五个孩子都没有寄予厚望，

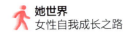

所以会使用语言来贬低和中伤他们，以此来强化这种想法。

有一次，当梅洛迪还是个小女孩的时候，她兴奋地告诉大家："我长大后想成为一名电影制片人！"她的父亲回答说："梅洛迪，电影制片人都是非常聪明的人，而你不是那种聪明的人。"梅洛迪从小就看着她的兄弟姐妹们在父母令人恐惧的争论中挣扎着，而她也深受其害。这些争论经常夹杂着尖叫声、吼叫声和哭泣声。

随着我们继续开展职业指导课程，我们开始清楚地认识到她的个人成长经历直接导致她成了一个不敢大胆表态的人。如果她的父母不喜欢孩子们的说话方式，父母就会将他们禁足，而且还威胁会拿走他们看重的东西作为惩罚。有时，孩子们会被一巴掌打在头上或肩膀上，或者被威胁要与他们断绝亲子关系。

梅洛迪的哥哥患有小儿多动症和双相情感障碍症，她也多次目睹了她哥哥在很费力地做家庭作业时，父母对他拳脚相加的同时还会对其进行辱骂。有一次，她的母亲和哥哥动手打架，事态升级，一度使局面很危险。她父亲下班回家后，事情变得更糟了，父亲用皮带抽打她的哥哥。随后，父母打电话给急救医生，而哥哥则被送往了精神病院。这个 15 岁的男孩在精神病院待了两个星期后，再也没有回过家。梅洛迪的父母完全不管他——他们干脆把他送到外面去生活和上学。

父母禁止梅洛迪和她的姐妹们在家里谈论她们的兄弟，也不能对周围的朋友、亲戚或邻居提及他，就好像他已经死了一样，这种行为给她们的生活带来了更多的痛苦和困惑。7 年后，梅洛迪匆匆去看了一下她的哥哥，之后又过了 18 年，她都没能再去看望她哥哥。哥哥多年来所遭受的这些暴行和惩罚慢慢向梅洛迪的心里注入了深深的畏惧感。

在我们的指导性谈话中，梅洛迪开始讲述往事，她告诉我，她在读大学的时候认识了一个男人，后来和他谈了恋爱，再后来那个男人成了她的丈夫。这个男人让她激动不已，因为他的性格和自己认识的所有人以及从小一起长到大的朋友们都不一样——事实上，他似乎有着与别人完全相反的性格。

有一天，梅洛迪告诉我："他为人友好，性格安静，耐心十足，脾气也不暴躁。""我当时没有意识到的是，他是个不善言辞的人，也许这就是他吸引我的原因。他的父母天生耳聋，所以他们与听力正常的人会有交流障碍。他的父母生了三个孩子，他们抚养长大的孩子们也存在沟通能力不足的问题，他们不知道如何表达自己的想法或对事物的内心感受。"

最初，梅洛迪并没有为此感到困扰，但多年以后，由于两人之间缺乏真诚而深入的分享和交流，她对这样的夫妻关系感到筋疲力尽。这样的情况也让她自身存在的问题变得越来越严重：她从未学会该如何与丈夫分享她内心深处的想法和感受，也从未学会要如何进行必要的沟通才能让他们夫妻二人如胶似漆。

回到职场，梅洛迪同样害怕所有提高嗓门说话的男性。这些男性会大发脾气，在会议中公开羞辱职员、贬低别人、把挖苦当作攻击的武器——所有这些事情都让她恐惧万分。她还害怕那些让她感觉态度强硬、出言不逊、固执己见或缺乏耐心的女性，因为这些性格特征会让她想起母亲对她的所作所为和由此造成的伤害和畏惧。

在我们的指导过程中，梅洛迪渐渐了解了让她产生畏惧的根源，也渐渐了解了她的个人成长经历是如何造成她存在沟通障碍的。把这个问题分开来看，梅洛迪看到了问题真正的因果关系。经过一段时间的指导，我们一起努力帮助梅洛迪学习新的沟通方法和情感管理策略，让她找到勇气和自信的同时，战胜恐惧去大胆表达自己的想法，在参加会议时和与他人工作交流中，让她表现得更加勇敢。这反过来也能帮助她在家庭生活中变得更加轻松自在，能够更加自信地说出她的真实感受和想法。

为了帮助梅洛迪摆脱恐惧，能大胆与人交流，我们采取的策略是让她在开会和谈话中要非常明确与同事交谈的内容，即她想要传达的重要信息和观点。我们还让她在脑海里想象（用她所有的感官清晰地想象）作为一个活生生的人、一名经理、一名办事有效率且能激励他人的领导，应该如何表现自己。对于自己应该具备什么样的沟通能力想得越多，就越能帮助她把这些想象变为现实。

在各种会议和项目中，她开始"重塑"（用更有感染力、更积极和自信的方式实事求是地重新表述）自己所有重要的想法、事实和信息，确保她的沟通内容理由充分，经得起论证，同时还具有研究基础。这有助于让领导者（包括那些不想在重要问题上做出让步的医生们）以及她需要获得支持推进自己项目的其他部门领导能够理解她要表达的观点（通常是比较考验能力和令人不满的观点）。

这些项目对这个机构的成功和为该公司开发的新药品的成功都至关重要，因此也存在很大的风险。系统且有目的性地阐述她的声明和观点，练习大胆表明观点，这个过程帮助她获得了更多的自主权，同时也表明了自己的想法和对工作的贡献，她因此获得了更多的成功。

我们同时还努力向她揭示，她不愿意大胆表达自己的行为如何对她的个人生活造成了伤害。

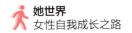
通过大胆而努力的工作，梅洛迪终于非常轻松愉快地走出了她的舒适区，这一举动甚至隐秘到没有引起任何人的注意。她开始大胆表达自己，且极具感染力。一开始，她只是表达一些微不足道的事。随着定期实践，过了一段时间后，她变得更加轻松愉快，可以更加自信地对自己负责的事情做出重要决策。

在这个过程中，梅洛迪学会了如何管理自己的恐惧，调节自己的情绪，把更高效的自己呈现在会议中，重视自己和自己身上的品质。"大胆表达自己"让她用自己的声音表达她真实的观点，以镇静、自信和直截了当的方式提出新想法。解决这种恐惧让梅洛迪提高了自我价值感，在其他岗位上也表现出更大的职责担当，她现在可以很高兴地为此投入时间和精力。

在我们完成第一轮的指导课程之后，又过了几年，梅洛迪成了公司价值度和认可度都最高的领导者。在裁员期间，公司还给了她一大笔奖金希望她能继续留任，继续负责公司的管理和持续运转工作。

她现在离职了，离开了那个制药行业，在让她兴奋不已的不同工作中选择了一份不一样的、符合她内心向往的工作，包括致力于公益组织、立法组织，这些组织正在做努力支持职场女性工资平等权和就业性别平等权方面的工作。

梅洛迪最近告诉我："有一件事我永远不会忘记，这是你帮

助我意识到的事情。在我们的指导课程中，你让我意识到现在
没有人能够伤害到我。我身处安全的环境。我不再是那个没有
父母关爱、充满恐惧、没有安全感的脆弱小孩了。我可以按照
自己的意愿过上自己的生活。我学会了自由地表达我的想法，
而且不用每时每刻都担心自己会受到责罚。"

　　对我而言，这就是"大胆表达自己"的真正定义。

　　**那么，梅洛迪采取了哪些步骤帮助她战胜了恐惧，学会了大
胆表达自己呢？**

　　1. 找寻你内心深处的挑战和它存在的根源。首先，她勇敢
地选择分析和理解她不敢大胆表达自己的根本原因。她通过回
头"看"的方式来做到这一点，有些时候她需要再次回忆她的
童年，尤其是在她想要挑战一个权威人物时，她必须面对父母
伤害她的自尊和让她失去自由表达能力的那些痛苦和心酸。梅
洛迪最终能够原谅并接受她的父母，同时也认识到了她父母的
缺陷和对她造成的伤害。这种在自我意识和宽恕的过程中所产
生的情绪变化可以治愈她自己，让她以一种更高级、更有效、
更强大的方式继续发展自己。

　　2. 更加清楚地表达你需要和想要表达的事情。梅洛迪能更
加清楚地定位到在会议和谈话中她与上级和同事之间的交流重

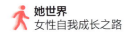

心，她说的话和想要传达的信息都会围绕她想要取得的核心成果而展开。她从职业指导课程中学会了用新的方式讲述她的想法和观点，从而获得更多的支持和合作。这帮助梅洛迪看到她提出的想法、策略和投入都很有价值，这些对公司的成长和成功都是至关重要的。

3. 意识到并处理好引发你不良情绪的诱因。梅洛迪学会了如何分辨工作中引发她不良情绪的具体诱因，以及她身体和情绪会对其产生何种反应。她学会了如何处理和改变自己的想法和行为，让她即使在恐惧和焦虑中也能大胆表达自己。即使身处男性对她大吼大叫的紧张环境中，她也能坚定立场，保持冷静。随着时间的推移，她能够更加轻松地应对这种情况。

4. 学习大胆表达自己的观点，让话语权更加有影响力。梅洛迪不断练习准备要说的话和需要陈述的事情。每次开会和与人交谈前，她都会提前准备好想要表达的内容，并且明确其重要性。她精炼信息并进行演练，这使得她与别人的谈话变得更加舒适。她邀请我和其他人与她一起进行角色扮演，让她体验"全身心投入"的大胆表态方式，亲身体验到了更加明确、自信的表达会让人充满活力和力量的状态。

5. 把"大喊大叫的有权势男性"和"虐待型的父亲"区分开来。梅洛迪开始摆脱来自有权势男性在开会时大喊大叫所引发的恐惧。遇到这种情形时，她就开导自己，并且学习如何把父亲对她大喊大叫的虐待行为与会议和研讨会时男同事或老板提高声音的行为区分开来。她终于开始理解并体验到这两件事之间的本质区别。

6. 相信你可以创造激动人心的未来，并保护你自身的安全。她这辈子第一次意识到自己身处安全之中，她已经有了权力和威信，可以确保没有人能再像她父母那样伤害到现在的她。

7. 认识到你能吸引什么样的人以及其中的原因。最后，梅洛迪清楚地看到了她的童年经历是如何影响她喜欢的男人类型和她的婚姻的。她理解到嫁给一个与伤害过你的父母性格迥然不同的人不一定能解决问题，也不一定能治愈你的家庭关系带来的痛苦。事实上，嫁给与父母性格截然不同的人，有时甚至会阻碍你找到一份你特别需要的工作，而这份工作可以帮助你克服引发你恐惧感的人际关系障碍。

挑战带来的启示

因为童年的特殊经历，梅洛迪无法作为独立的个体来大胆表达自己。她代表了世界上千千万万的女性，她们在很多重要的成长过程中遭受了来自父母的伤害，这导致她们现在都不具

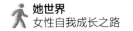

备有效的沟通能力。

　　每年，我都会给数百名来自各行各业的女性做职业指导，她们希望我帮助她们解决这个关键性的问题——她们不能大胆表达自己，也不能维护自己的边界。在很多情况下，她们都没有设定自己的个人边界，这意味着她们允许任何人对她们为所欲为。

　　这些女性在工作和个人生活中得不到尊重、遭受他人的贬低和践踏。此外，她们发现自己无法进行有效抉择以帮助自己战胜挑战，或者帮助自己采取正确的方法来提升她们的成功率，因为她们从小就被灌输不要相信自己的看法和才能这一错误的观点。她们被告知，自己不够聪明，没有见识，没有能力理解自己的追求以及实现的方法。在某种程度上，这有点像文化洗脑——数以百万计的女性被灌输这样的信息：她们没有权利和专业知识决定自己的人生道路，也不相信自己有资格去追求自己的人生道路。

　　那么，结果会怎么样呢？她们发现自己很难开口对老板或同事说"不，这行不通"，或者对她们的配偶说"停止这种行为——这对我和家人都会造成伤害"！她们不能保护自己的个人边界，也不能说出她们真实的感受或想法。

　　我已经看到，以一种有影响力和权威性的方式来大胆表达自己的行为已经成了当今女性普遍面临的一种挑战。相比男性来说，女性想要表现出这种行为会更加困难，因为男性和女性都是通过社会和文化来学习思考方式和行为方式，同时，社会和文化也让我们形成了在面对女性坚持主张时的惯性思维模式。

即使在今天，许多女性面临的挑战依然是这些：当她们还是孩子时，在要选择是坚持自己的观点还是挑战父母的想法时，她们会觉得自己这样做是对父母的一种不尊重，是不得当的行为。当以贬低、嘲笑或打压孩子的方式要求孩子来服从和尊重父母时，父母的行为可以被解释为因为孩子不聪明或没有能力，所以需要得到父母的"同意"。同时孩子还要伴装认同这样的观点，这使得孩子逐渐将自己的想法和观点隐藏了起来。

我想讲一个最近发生的事情，我楼上的一位母亲对她年幼的女儿大吼大叫，因为孩子那天早上不想去上学。她喊道："你要去学校！你去了就会喜欢上它的。"

我在从事家庭治疗师工作时就观察到，这种纪律教育的问题在于，你会告诉孩子你的感受，即使他们没有（也不能）感受到你所表达的东西。你要求孩子们假装具备某种行为，似乎只有这样才能被他人所接受。这种育儿方式往往会让孩子产生怀疑、困惑和不安，在害怕受到惩罚的同时，他们也会赋予自己力量尽力分清和表达自己的真实情绪。

另一种类型的挑战可能是父母对孩子这样说："我知道你真的累了，希望待在家里不去上学。但是，我刚刚说了，你爸爸和我很重视你的学业，对你和你弟弟来说，我们认为这是一件好事，这是我们应尽的义务。我希望你能理解。"通过这种方式，父母要求孩子理解和尊重家庭和父母。

虽然引导孩子去做一些能够有助于他们茁壮成长和取得成功的事情很重要，但也要让他们表达自己真实的想法和观点，即使这些观点与我们自己的观点并不一致。如果父母要求孩子同意他们所说的和所想的每一件事，同时还让孩子去体会他们体会不到的感受，那么孩子就不能学会如何自行思考以及对自己产生信任感。

这样一来的结果就是，你不必经历童年时的"虐待"，也接受了这样的信息：说出自己的观点和吐露自己的真实想法是不安全的举动。而当今世界上数百万的年轻女性正在承受着这样的压力。有研究表明，现在的年轻女性在她们十三四岁的时候就不愿意吐露心事了。她们开始产生自我怀疑，开始关注自己的外表，关注自己看待事物的方式和社会对她们的认可度，对原本感兴趣的科学类话题也失去了兴趣，并且开始怀疑自己的领导能力。这种文化信息教导女性需要避免让自己成为坚持己见、强大或占主导地位的人。

无法大胆表态的危害

我在公司工作的最后那些年，医生告知我得了慢性气管炎，这一种严重的、反复发作的气管感染病。作为一名歌手和演员，这个病对我来说真的是太可怕了。

4 年来，每 3 ~ 4 个月，我的喉咙就会严重感染一次。我会失声好几天，喉咙和肺像火烧一样难受。我会发高烧，虚弱到无法在单位工作或者居家办公。我还会产生不明原因的愤怒和沮丧。

我知道自己的问题很严重，但医生们也找不到病根，所以他们采用抗生素对我进行治疗，而这对我的身体造成了严重的伤害。然而非常有趣的是，2001 年 10 月我被解雇的那天，这种病就消失了，从那以后我再也没有患过这种病。

我相信随着不愉快的职场生活所带来的极度压力和重负的消失，我的疾病也随之消失了。我终于控制了局面，并且对不适合我的工作环境和工作说"不行"。

许多年后，在从事心理治疗的工作和职业指导中，我开始研究不敢大胆表达自我的现象，以及这种现象是如何影响我们的情感、身体和行为的正常运转。

我在自己的《福布斯》(*Forbes*) 博客上采访了尼哈·桑万

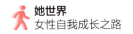

博士（Dr. Neha Sangwan），她在给病人看病的过程中发现，不进行必要的沟通会给病人带来严重的甚至是危及生命的后果。

这是尼哈博士分享的内容：

作为一名内科医生，我的工作是让病人安全地度过他们严重的健康危机时刻。然而，我经常看到他们在一两年后再次心脏病发作、得了肺炎或患上其他身体疾病。我终于意识到，其实我没能找到让他们患病的病因。

所以我很好奇，在我计划让病人出院的前一天晚上，我会拿出我的处方垫并写下五个问题，这些问题会提示他们发现身体健康和生活的其他方面之间的联系。

我把它称为意识处方：

1. 你为什么会患上这个病呢？

2. 为什么这个病会现在发作呢？

3. 你还忽略了什么细节吗？

4. 除了疾病，你生活中还有别的什么事情需要得到治愈吗？

5. 如果你想说点真心话，那么你的真心话会是什么呢？

一旦他们把这些问题连起来，就很容易找出自己所承受的最大的压力是什么，还能告诉我他们生病的确切原因。我听到了许多关于他们取得成功之后的故事，他们由此能够找出让他们陷入困境的根源。这些问题也作为基本内容写入了我的《Rx[1] 谈话录》(Talk Rx)一书中。

每天，我都能发现在身体疾病和精神、情感层面的挑战之间存在着错综复杂的关系。我经常问我的病人，"你的身体在说话，你在听吗？"

有时候，身体发出的信号是来自身体自身的原因。例如，胸闷和出汗可能表明心脏病要发作。但有时候，同样的身体反应是由情绪变化引起的。所以，一旦你从医生那里得到了身体健康的证明，你就需要注意你身体发出的提示信号。轻微的身体变化是早期信号，提示你需要注意自己的健康。我把这些身体释放出来的信号称为你身体的智慧。

长期身处压力之下，如果你忽略了来自你身体的信号，最终将导致你的免疫系统（你的身体对疾病的主要防御系统）功能下降，然后你就会开始频繁地生病。

你的身体代替你的嘴巴发出了信号。所以，请倾听和尊重你的身体发出的信号。用和身体产生共鸣的方式去"感受"自己的身体信号，这一点很重要。你需要用比以往更深刻的方式

---

[1] Rx，指处方药。——编者注

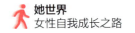

来理解它发出的信号。当你经历了不同的情绪，如悲伤、愤怒、羞辱、恐惧、关爱等，你要学会感知你身体的感受。和身体产生更多的共鸣，这样你就可以感受到身体想要分享的信息。

对果断、强势的女性的性别偏见

我在给职业女性提供职业指导以及之前从事心理治疗工作时，我发现了女性在果断大胆表态后仍面临巨大挑战性的原因，以及这给她们生活的方方面面带来的影响。

首先，我们的文化仍然倾向于不关注和惩罚那些有主见的女性。性别偏见是真实存在的，仍有许多人强烈抵制那些做事果断、强大和有影响力的女性，许多研究都已经证实了这一点。《纽约时报》的畅销书排行榜上榜作者约瑟夫·格伦尼（Joseph Grenny）和戴维·马克斯菲尔德［《行为科学人》（*The Behavioral Science Guys*）的作者］证实了职场中的性别偏见是真实存在的。他们发现当女性被判定为"强势"或"果断"时，她们的感知能力就会减少 35%，她们的感知价值会减少15088 美元。相比之下，被认定为强势的男性的能力和价值下降数据分别是：他们的能力减少了 22%，价值减少了 6547 美元。这一显著的数据差异揭示了性别偏见的真实性，它阻碍了女性在领导和管理岗位上取得巨大成功，因为果断行事是这些岗位里必备的至关重要的行为方式。

在我们的社会中，男人和女人都接受了刻板的"女性"形象的定义，我们大多数人对该定义的理解是：女性形象包含柔弱、脆弱、乐于助人、善解人意、取悦他人和温顺，女性不能给人以果断、强势、坚强和威严的印象。但我们不应屈服于这种过时的性别印象。重要的是，我们都是真实的人，需要发挥影响力去谈论我们的真理、想法和价值观。

我们在与人交流的过程中形成的想法和行为举止都源于我们的成长经历。你从小到大的个人成长经历让你形成了与你的父母不一样的个性。你在童年、青少年和成年早期所设定的个人边界都影响了你，并且留在了你的心里。后来发生的事情也给你留下了不可磨灭的印记。

实现你的权力转变

为了帮助你采取新的措施，学会更有力、更大胆地为自己说话，学会去主张自己的需求、价值和愿望，以下内容是找到勇敢途径的关键，今天就迈出勇敢的步伐吧！

1. 回顾你在童年生活中所学到的东西。

如果你在大胆表态时感到很费劲，那么建议你在这周

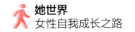
花点时间仔细回顾一下你的童年，当时是什么让你觉得可以安全地大胆表态。问问你自己，"当我对有权有势的人说'不，我不同意你的观点'或者'不要那样对待我'时，我还记得接下来发生了什么事情吗？"

每当你遇到权力挑战时，就停下来问问自己："这种感觉有多久了？"你有没有尽最大努力去找到问题的根源，因为只有这样你才能停止浪费时间和精力，然后专注于改变它。

如果你能感知到自己的感觉，你很可能会记得一些重要的情绪波动，这与你感到害怕、不愿意大胆表态和不愿意维护自己有关。

也许当时事情发展得很顺利，但后来你受到了责罚，或者被告知"好女孩不会那样做"，或者可能当时就出了很大的问题，也许你被人打击或嘲笑，同时还被告知你这样的想法和感觉是愚蠢的。

你自己记住了那些所有的情绪和感觉，然后忍受那些痛苦和伤害。记住，作为一个孩子，我们不可能想到自己成年后会那样成熟或者有能力应对这些挑战。遭遇这样的经历是可怕的，它会让你感到孤独和害怕。它们进入了你的内心。想想你学会的那些如何大胆表态的方法，以及当你试图维护和捍卫个人边界时，他人是如何对待你的。

问自己以下问题：

- 我是否找到了一个厉害的榜样，可以向其学习给予自己力量的有效沟通能力？

- 我的母亲是否以自我赋权的方式说话？我的父亲呢？他们是如何对待彼此的？

- 当其他人为自己的权利和个人边界大胆发声时，我周围的人（包括我的老师、亲戚和其他权威人士）反应如何？我的兄弟姐妹对此又有什么样的反应呢？

- 谁做得好？谁做得不好？当他们尝试这样做的时候，发生了什么事情呢？

- 在我的家庭和生活中谁会拥有权力和权威呢？性别是如何影响这一点的？那些我家庭以外的强大的、富有的、有能力的女性，还有在商业、教育和社区里的女性领导者，我从父母和其他权威人士那里听到了什么关于她们的评价呢？

- 当我挑战我的父母或权威人物时，我是否遭到了惩罚或嘲笑呢？

然后想想这一切对你的今天有什么影响吧。如果你觉

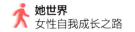
得你的童年受到了压制，那么请继续阅读你该如何积极向前去解决和治愈它。

2. 清楚知道你自己要表达的事情，在这周选择一个有难度的谈话任务并完成它。

决定这个月你需要说的最重要的事情，并决定好要对谁说，请提前做好计划。就从那些侵犯了你的边界或最不尊重你的人开始。你今天需要对什么事情大声说"不！"

或者想想那些可以推动你工作进程的必要的谈话内容。例如，可能是你和你的老板之间的谈话，谈谈为什么你觉得你应该得到职位晋升，并分享你为此准备的深思熟虑的案例。

首先要保证你选择的是最重要的也是你最需要进行的谈话内容。但在你这么做之前，你要意识到一个事情，那就是我们在建立个人边界和学习为自己大胆表态的这个过程中肯定会"打乱社会秩序"，这意味着其他人可能会因此感到不安，因为他们已经习惯了你的不反抗。所以在你这样做之前，要明确你想要表达的内容，尽最大努力来管理好你的情绪。

我建议你找一位行业导师、教练或朋友，和你一起进行角色扮演。用视频形式把这个演练过程记录下来，看看你在维护自己的想法时是在什么地方表现出了恐惧和不适。在你能够毫不退缩、不会猜测、不会临时改变主意的情况下大声说出自己的想法，在你能做到这一点之前，请不要停止角色扮演的练习。

当你习惯了每周为自己争取一次发言权之后，就改成一周两次。在你练习了大胆说话后，你在开口索要自己应该得到的东西时就会感到轻松愉快。

3. 与人交流时，展现你的"最优化、最权威的版本"。

在棘手的人际关系中，发生在我们大多数人身上的事情都是真实的，这会让听众感到难过。不幸的是，我们因此而变得紧张、激动、恐惧，而且经常处于防御状态。当我们感情泛滥的时候，我们就失去了清晰的思路和斟酌的意愿，这使我们失去了权力和自信。

有人曾经写道："当你怀着爱意说话的时候，你可以随心所欲地说话。"这确实是真理。不要出于脆弱、自我防卫性或以严厉的态度去表达你想要说的话，而应该以充满信心、充满感情和冷静的方式说话。

从今天开始，成为最优化的自己。我的意思是：摆脱

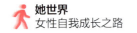
狭隘、自私自利、防御性心态和超级敏感的性格，学会展现你想成为的最好和最强大的自己。当你能从自尊和自我欣赏中展现出你的最高水平和最好的愿望和特征并尊重他人时，那么你就能更加成功地开启有影响力的对话，因为你是在整理了所有的内部资源后才获得了成功的结果。如果你这样做，对所有人都会更好。

4. 充分了解工作环境的本质，充分了解与你打交道的人。

在你与人沟通和为自己大胆表态之前，你需要准确地了解你在和谁打交道，你正在办什么事情，并制订相应的计划。无论是在家里、单位还是其他地方，你都必须了解你自己的工作环境。例如，你们的企业文化是什么？它是培养了大家的信任度、开放度和透明度，还是每个人都在隐藏自己、伪装自己和背后中伤他人？你的公司会如何对待那些说话有影响力的人？领导者和管理者对其他人大胆地面对棘手的问题进行表态有何看法？他们对女性的态度怎么样？工作中是否存在性别偏见和其他形式的歧视？

同时，你需要清楚地评估你必须与之打交道的那些人的个性和行为。他们是理性还是不理性的人呢？他们能听从劝告并且达成妥协吗？

比方说，如果与你打交道的经理患有自恋型人格障碍，那么你就需要采用不一样的表态方式，它将有别于你和一个健康、正常的人采用的沟通方式。对于爱挑战的人来说，直接挑战自恋者会让事情的结局变得非常糟糕。如果你的老板是个恃强凌弱的人，那么你就需要保持中立态度，并寻求他人的帮助让你渡过这个难关。

5. 承担相应的后果。

许多人不敢为他们自己大胆发声的原因是，他们不喜欢或害怕激怒别人。因为这个具体的原因，父母通常不会表现出他们本该表现出来的权威性——他们担心自己的孩子会生他们的气。许多经理也是如此，他们不会有效地处理问题，而是让问题继续存在。但这些恐惧使我们在工作岗位和人际关系中表现得更加软弱和没有效果，如果我们不让自己变得有能力直面生活中的挑战，我们就会遭受伤害。

如果你一直在努力让别人快乐，那么你很可能没有让自己过得快乐，你没有表达你需要表达的事情，也没有完成你需要完成的事情，所以你没能过上一种成功、充实的

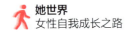

生活。如果你每天都被迫做一些非必要的、不妥的和超出健康的事情，并且想以最佳表现完成它们，那么你就遭遇了"完美主义过度功能"，这对你的生活来说极具破坏性。如果你是功能过度者，那么你周围的人就变成了功能不足者，他们会极力回避自己本应该做的事情。

简而言之，你不能在表现出强大有力的一面的同时又要确保所有人每时每刻都能被你取悦。这是不可能的，而且功能过度的结果就是让你远离快乐的生活和事业。

鼓起勇气大胆表态，这样你就会以自己的个人边界为傲，并澄清和改变你不能接受的事情，过上更快乐、更健康、更有力量的生活。

学会对内探索自我

回答 10 个问题，让你开启更有影响力的说话方式。

1. 谁或者什么事情导致你在想要大胆表态和说出你想说的话时困难重重？

2. 是什么让你陷入了不敢大胆表态的状态？是恐惧、焦虑、缺乏安全感，或者不知道是什么原因？

3. 你一直逃避的而你又必须面对的重要谈话是什么？你为什么要逃避它？你担心会发生什么事情呢？

4. 在你的工作和个人生活中，你知道哪些女性能够大胆表态？她们需要做什么事情才能让你效仿呢？

5. 在你的生活中，谁会不喜欢你在说话时更有力量、更自信和更果断呢？当你面对他们的抵制时，你又会做什么和说什么呢？

6. 在你的生活中，有哪些积极的事情因为你没有大胆表态也没有做出努力而没有发生？

7. 对有主见和果断的女性，你的内心有什么想法？你是否存在挥之不去的又需要解决的负面偏见（比如"强势的女人都是刻薄之人"）？

8. 如果你想成为一个更有权势的女人，想要维护自己的边界，想要在说话时更坦诚、更真实，那么你要对你的哪一种关系做出相应的调整呢？

9. 谁会最高兴看到你为自己大胆表态的这种进步呢？

10. 当你开始大胆发声表态时，你认为之前不可能发生的哪些事情会变得有可能发生？写下那些积极的和令人激动的结果，它们正在不远处等着你。

学会对外采取行动

如果在工作和生活中，你正努力学习自信而大胆地

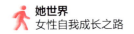
表态，这些策略会让你变得更有影响力。

1. 找出"你的 20 个事实"并且夸耀一番。在我的 TEDx[①]演讲《是时候勇敢起来了》里，我谈到了女性如何从小就被教导不要吹嘘，不要用说服的方式陈述观点，或者显得过于自信。如果你需要迈出一大步改变这种现象，那么就要确认我提到的"你的 20 个事实"——这些是你在工作中所取得的合法而不可辩驳的、可以衡量的事实，这些事实给你所在的工作单位带来了积极的改变。如果你想要作为一名职场贡献者权威地告诉别人你是个什么样的人，那么这些你所知道、你能谈论和利用的事实就能起到至关重要的作用。你要知道你完成的事情帮助老板推动了工作的进程，所以你要弄清楚你在工作单位中工作留痕的方法。

2. 重视语言的力量。读读堂·米格尔·路易兹（Don Miguel Ruiz）所写的书《四个约定》（*The Four*

---

① TED（指 Technology, Entertainment, Design 在英语中的缩写，即技术、娱乐、设计）是美国的一家私有非营利机构，该机构以它组织的 TED 大会著称。TED 创办了其旗下组织 TEDx。"x"代表独立组织的 TED 活动，TEDx 是非官方、自发性的活动项目——在全球任何地方，只要当地团队申请得到批准，便可以以 TEDx 的名义来组织活动。——编者注

Agreements），这本书很有用，它告诉我们要重视语言的力量。不要说那些得罪自己或他人的话语，也不要写那些得罪自己或他人的文字。学会注意你的言辞，谨慎地选择你要说的话和要写的文字，弄清它们是如何影响你的现在和未来的。不要关注那些负面的、带有贬义的或被轻视的事情（与你或者别人有关的），但一定要关注你能看到和愿意相信的最积极的、最振奋人心的和最广阔的关于未来的愿景。

停止诋毁其他女性的行为。这事就到此为止吧。停止憎恨那些看起来"过于自信""以自我为中心"或"过于果断"的女性。每次当你准备诋毁一位女性时，先停下来问问自己，"为什么我要排斥这位女性？我是不是因为自己对女性存在固有的看法而对她感到厌恶？"如果我们所有人都在私底下相互诋毁，那么女性群体就无法发展壮大。

当你学会谨慎说话时，你就会发现语言的神奇力量帮助了你，它们为你生活中出现的所有事情都铺平了道路。

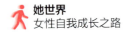

积极重塑自我

以下内容会帮助你改变对当下关于大胆表态这一行为的观点和看法：

在我们的社会中，果断自信的女人有时会受到责罚。当女性做了和男性一样的事情，说了和男性一样的话时，她们就会被人称为"讨厌的女人"，而男性却得到了赞扬和升职。

但这种情况不会永远持续下去的。如果今天有更多的女性自信果断地大胆发声，我们就能控制和改变这种局面。我们越是展现真实的自己，越是发表自己的观点和做出自己的贡献，世界就会越快地适应社会上到处都是果断、自信和有影响力的女性这一情况。

与二十年前相比，新的一代人对性别持有迥然不同的观点，他们开始以一种全新的方式来看待女性和男性以及他们所具有的能力、复杂性和差异性。前几代人所经历过的有限的性别局限性正在慢慢消失。我长大成人的孩子在谈论性别和性别期望时所采用的方式，与我二十多岁时的观点和方式已经截然不同。

我已经看到，当我们采取行动在沟通中变得更加强大时，我们不仅会帮助自己崛起，也会帮助我们周围的人提升他们自己，不管他们是男性还是女性。要明白，这是我们天生就要做的工作，这是我们必须要经历的历程和要面对的挑战——尽可能成为顶尖、最积极和最强大的自己。这样我们才能产生我们所期盼的影响力，并以此来帮助所有的男性和女性构建一个更真实的世界。

77% 的人表示
"确实存在"或
者"可能存在"
这种权力差距

权力差距 3：

不愿开口索取你想要和应得的东西

存在这种权力差距的人常常会说："我不确定我是否值得拥有更多的东西，即使我确定，我也不知道应该通过什么方式去索取我想要的东西。"

* * *

在我漫长的生命中，我相信生活会喜欢那些认真生活的人。我敢于尝试不同的事情，有时我会因此感到胆战心惊，但我依然会勇敢去尝试。

——玛雅·安吉罗[①]（Maya Angelou）

[①] 玛雅·安吉罗（1928—2014），美国黑人作家、诗人、剧作家、编辑、演员、导演和教师。——译者注

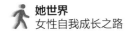
　　珍妮（Janine）是一位在香港工作的职业策划师和个人品牌培训师，41 岁，已婚，是两个孩子的妈妈。在 2018 年的时候，她就参加了职业教练认证培训项目，这是我举办的一个非常了不起的项目。她参加培训的目的是扩大自己公司的经营范围和业务范围，以此提高自己的知名度，从而成为亚太地区职业策略、专业提升和个人品牌领域的顶级专家。珍妮长相俊美，口齿伶俐，谈吐优雅，同时还受过良好的教育，她是一个自信满满、胸有成竹的人，不在意别人的看法。见到珍妮的时候，我觉得她掌控自己事业的方法很强大，能够把握改变自己生活的决定性因素，而且一直用充满力量和有效率的方式管理着她的个人和工作事务。

　　不过，在我逐渐熟悉了珍妮之后，她才更加坦率地向我诉说她的真实感受，这时事情就呈现出另一番景象。这个景象揭露了她一直以来并持续存在的状态——努力挣扎着保持在工作中做事果断的形象，努力接受她在所做的工作中体现出来的自身价值和重要性。她承认，她在寻求帮助时一直面临阻力，她不愿接受并认识到她想要实现的目标对她来说确实是好事，也是正确的事情。她也在努力挣扎着去发挥自己的优秀技能、实现自身价值和重要性，并重视和乐于在这个世界上展现出这些价值。

在我们进行职业辅导课程的十七周时间里，以及接下来的几个月里，珍妮讲述了更多关于她个人和她童年生活的故事。这些精彩的故事因为其中的细节而显得很特别，但对全世界数百万女性来说，故事的内容却存在普遍性。她努力挣扎的情况和我在过去十五年里遇到的许多女性客户身上看到的几乎完全一样。

珍妮的个人经历自述：

我在澳大利亚长大，出生在一个完美的天主教家庭，我是家里的第二个孩子，家里对我有着严格的教养方法。我们永远要对自己得到的一切心存感激。总是要取悦别人，把别人放在第一位，甘受侮辱。如果做事首先考虑自己，或者索取自己想要的东西，这种行为会让我觉得自己是一个自私的人。我爸爸从来没有索取过他想要的东西，他只是通过更加努力的工作去尝试获得他自己想要的东西。我目睹了我妈妈因缺乏自我价值感而甘愿把自己固定在地板上，任人踩踏，恭敬地取悦他人，从来没有索取过她想要的东西。她作为一个女人，只能关上门，躲在门后，为她想要却从来没有被给予的东西静静地流泪，甚至不敢开口寻求帮助去索取她想要的东西。

在我十岁的时候，我参与了一部戏剧制作，我为自己能成为戏剧中一个令人愉快的角色而兴奋不已。谢幕时，我转向妈妈，想要听到她口中赞美我的话，但却被告知："这不是你一个人的表演，你只是这群演员中的一个部分。"我当时想要的只是因赞美而产生的兴奋感和本应得到的表扬，但我却学会了做事不要太张扬，永远不要再让自己经历类似的伤害。

我学会了安静，虽然会感到不适应。我不敢索取我真正想要的东西。我回到了出轨男人的身边，因为我觉得我不应该要求更多。我在一个自己非常不喜欢的岗位上工作了两年，因为我找不到理由去更换一份新工作。我的工资低于市场平均水平，这是因为我在痛苦地花上几周时间完成一份年度审查后却没有提出更多的要求。我心中充满了我不配拥有它的各种理由，于是，我列出了接下来一年可以完成的所有事情，希望让自己觉得更有资格，同时取悦对我来说重要的利害关系人。我一直沉默不语，整个人瘫软，感觉自己不够好，根本无法把话语拼凑在一起。很多时候，我会像我妈妈一样，关上门，躲在门背后哭泣，整个人很颓废，心里感觉到失望和伤害。

我是非常擅长讲述故事的，并擅长找出合理的解释说明现状还不错。在二十多岁的时候，我只是习惯性地做事，这让我脱离了自己的核心需求和真实的自我。我因为太害怕而不敢去追求自己想要的东西，太执着于去取悦我认为我必须取悦的人，而不是去尝试新事物、体验失败和总结经验。不能理所应当地去索取和追求我想要的东西。

当我步履蹒跚时，我看见朋友们背离了他们的信念、勇敢和正直，但他们的事业越来越兴旺发达，人脉越来越广。我接受了不良的人际关系，我把对自己的愤怒投射到别人的身上，当看到随处都是不平等的事情时，我会帮助别人，但不会帮助我自己。

经过反思，我常常采用的应对机制是让自己一直处于忙碌状态中。我努力工作，让自己觉得自己值得拥有生活中的友谊和关爱。我是一名策划人，可以把所有人团结在一起，愿意聆听朋友的需求；我是一个为家庭奉献一切的好姑娘；我是一个工作努力的人，常常连着好几天都是每天工作 14 个小时，觉得牺牲自己的个人生活就可以取得自己应有的成功，尽管我没有开口索取过自己真正想要的东西。

2008 年，30 岁的我最终"找到勇气"离开了澳大利亚，把曾经的自己和内心向往的自己分隔开来。关于我理想的生活状态，我为自己编写了一些情节，确定了我喜欢的朋友圈，找一份我喜欢的工作，挣我想挣的钱，留下我想留下的遗产。我下定决心终于找到了合适的理由并选择了自己热爱的事情，却仍然痛苦地挣扎于该如何去开口索取我想要的东西。最开始，我不得不把自己的需求和想要的东西先写到纸上，等到鼓足勇气后再去表达出来。

我为自己的职业规划了一个行动方案，并与我的合作伙伴和密友分享了我的各种目标，并且有史以来第一次请求能得到他们的支持。通过这个过程，我终于从市场营销的岗位转到了高管教练的岗位，这是符合我内心需求和个人愿望的职业选择。

几年后，我把工作业务从新西兰转到了中国香港，尽管我的工作已经取得了很大的进展，但我意识到我仍然还有很长的路要走。正是在香港，我结识了凯西，她帮助我深化了自我意识，取得了更大的突破。我再次觉得自己取得的成功不是顺理成章的，尽管我想向世界索要更多的机会，但我觉得我还是不能果断地向别人提及我想要的东西。很明显，我必须建立自我价值感。为了做到这一点，我开始记录自己给他人生活带来的影响。

我开始联系过去的客户，询问他们曾经和我共事时所产生的个人感受；我阅读了自己在领英网上收到的数封推荐信；我重温了人们对我工作室的评价；通过收集证明材料和硬性数据，我建立了自我价值和自我功劳的案例库。我开始意识到，我现在所取得的成功是理所应当的，这是我应该得到的。这给了我勇气学会开口索取我应得的和想要的东西——包括提高我的报价，对不合适的客户说"不"，对让我感到激动不已的发言机会和新的工作项目说"可以"！

然后，我对未来的愿景、我想要获得的成功以及我的执行力有了更清晰的认识。我清楚地知道我想要留下的遗产，清楚地认识到实现目标的行动计划会给我带来信心和坚定的信念。我开始开口索取我想要的东西，不管这个东西是一份支持、一个拥护还是一次进展情况。

我在工作中体现出的自我价值和勇气的提升也贯穿了我的个人生活。我给自己留出了更多的个人时间，花更多的时间高质量地陪伴自己的孩子，与丈夫一起享用更多的烛光晚餐，增加出国旅游的次数与国外的家人联络感情。我花钱进行自我提升和自我护理知识的学习，坚持做到每周参加五次新兵训练营。我终于踏上了自己开创的独一无二的非凡的生活之路。

欣然接受我想要的东西同时也相信我应该得到这些东西，在这个过程中，我必须摒弃以往生活和自己童年生活灌输给我的一些过时的想法和行为准则。为了充分给予自己权力，发挥出令人激动的最佳潜能，以及实现我想要的最好的生活和事业状态，这些想法需要依次去实现。

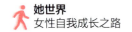

具体来说，我不能拘泥于这些想法：

● 我必须做到完美才能体现自身的价值。

● 我必须把他人的需求放在第一位，这样才符合一个好姑娘该有的样子。

● 对其他人来说，取得成功是易如反掌的事情，但对我来说却不是这么回事。

● 我必须不断地证明我的自身价值。

● 人们会通过我的努力工作而看到我的自身价值。

同时，我必须接受这些想法：

● 人们不能看透别人的心思，所以我必须为自己想要的东西大声表态。

● 我们越能证明我们所做出的贡献，就越有可能被他人所接受。

● 你要教会他人该用何种方式来对待你。

● 不必在保持轻松愉快的氛围下索取自己想要的东西，这并不是先决条件。

● 寻求帮助和索取我们想要的东西不是软弱无能的表现，而是一种勇敢的行为。

我所做出的勇敢转变是给自己打开了一扇大门，是开启了一段更加快乐、赋予自己更多权力的生活和工作的旅程：

- 学会示弱，认识到许多事情凭一己之力是无法弄清楚的。

- 走出去，寻找关于自我专业发展方面的支持，并为此投入精力。

- 提高我的服务报价，开始得到我工作中应该得到的东西。

- 在我的个人生活中，真诚地表达我的需求，索取我需要的东西。

在经过多年的努力去缩小这种权力差距和懂得了索取自己应该得到东西之后，我学会了重视自己，并通过以下方式追求我想要的东西：

（1）意识到并剖析我儿时的榜样对我产生的影响。取悦所有人是一种必败的局面。身为妻子、妈妈、女儿、朋友、企业老板和教练，寻找"什么才是满足感"这个问题的答案，并重新思考我想要的东西以及我想要得到它的原因。

（2）我对工作的追求要保持一致性。我终于意识到了我在

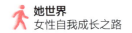

工作中所追求的东西和我当下得到的东西之间存在着鲜明对比，这促使我要制订一个行动计划来满足我的需求。我回顾了我的业务领域、服务和定价，做出了明智的决定，把我的时间、精力和才能集中投入我喜欢的工作之中，因为我知道提升赋权和参与度会带来更多的收入。于是，我减少了工作时间，增加了个人生活的时间，并且开始了创业。

（3）学会寻求帮助，让他人参与其中。我终于学会了鼓起勇气大声说："我需要帮助。"我列了一份清单，写下了别人能够帮助我实现理想生活新愿景的所有方式。我第一次聘用了一个虚拟助理，还加入了当地的一个女企业家的人脉圈。我找到一位商业教练帮助我策划了五年的行动计划，我与我的密友每周都会通一次电话完成打卡任务，我与我的营养师一起制定了营养餐食谱，我让我的丈夫帮助我一起制订了更加合理的方案来陪伴我们的孩子，让我们双方都可以各司其职地参与其中。

（4）改变我的说话方式和关注点。我从"我怎么做才能取悦他们"变成了"我如何创造一个双赢的局面"——或者在我超级勇敢的时候，我会问"我想从中得到什么东西"。我意识到自己需要自行做出决定，但为了做到这一点，我需要知道我想要什么东西。一旦我知道了自己想要的东西，我就能更容易地与人自信沟通，并且在感觉自己正在面临挑战时不会退缩。

（5）不和他人做比较。我之前总把自己与他人进行比较，为自己构建一个"安全机制"。这使得我做事畏畏缩缩，也让我总是恪守别人的规则——因此不能拥有真正属于自己的成功。当我停止比较后，我开始了跑步和举重，我终于感受到了我在自己生活中的当权地位，这种地位为我带来了赋权和全新的自我价值观。

当我往后退了一步，分析珍妮面临的艰难任务和她为了成功而克服那些差距和障碍的惊人之举时，我看到了许多女性必须面对和处理的无数的共同问题都是为了使自己能拥有更加快乐充实的生活、工作和事业，这些都会带给她们自己所追求的成功和回报。

三个核心问题

以下是我们今天需要理解和有所突破的东西：

1. 为什么如此多的女性都很难索取自己想要和应得的东西？

早在 2003 年，琳达·巴布科克（Linda Babcock）和萨拉·拉

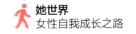
谢佛（Sara Laschever）在《谈判力——职场女性最需要开发的生存潜能》（*Women Don't Ask: Negotiation and Gender Divide*）一书中写道，经她们研究发现：和女性相比，男性更倾向于通过协商的方式去获得自己想要的东西。这其中的主要原因是：①女性已经内化了不应该谋求自己利益的思想；②她们在工作中有过亲身经历，深知自信的女性索取自己想要的东西会受到责罚，甚至还会被人贴上"咄咄逼人"或"泼妇"的标签。作者还指出，"女性倾向于认为她们只有通过努力工作和出色完成工作的方式才能得到认可和奖励。与男性不同，她们没有被教导可以索取更多的东西。"

2. 如果你大胆表明态度，表现自信且有魄力，你就是泼妇吗？绝对不是！我记得我曾经在一家公司上班的时候，一位高管告诉我，"哇，你就像一台电锯！"其实他是在形容我能够把事情做好，能够把项目推进到其他人都不能达到的进度。那么我应该为这种评价感到骄傲还是感到尴尬呢？成为"电锯"是好是坏呢？我真的不知道。但在很长一段时间里，我真的对"电锯"这个词感到困惑。坦率地说，我想知道在我这个工作岗位上"能把事情做好"的男性是否也会被称为"电锯"呢？我不太确定。我相信我们今天仍然能够看到，能把事情做好的男性会被大家视为一个有能力的、有效率的、非常有用的人，但绝不是一个"电锯"。

在我们经历过这些之后，要记住的最重要的事情是，这些评价是部分男性在接受了固化思维后存在的对有能力的女性的内在看法。这些评价并不是"事实"，也不合理，我们不能把它们作为事实来接受。有些人认定女性具有影响力就是泼妇或凶猛的表现，我们不能为了安抚这类人而改变真实的自己。我们越是维护自己，越努力摆脱这些内化的评价，世界就会变得越好，一个新世界就会越快出现。

3. 为什么女性不愿意寻求她们所需要的帮助呢？ 正如我们前面所讨论的情况那样，许多女孩和年轻女性仍然被有意识或无意识地灌输这样的观念：她们必须取悦他人、与人方便、学会谦卑，必须首先考虑他人及他人的需求，只有这样做才能被社会所接受。在这种观念下被抚养长大的女性往往非常抗拒寻求帮助或追求她们想要的东西，因为她们被灌输的思想让她们坚信自己并不重要，也不聪明，更没有资格去追求自己想要的好东西，就更别说去付诸行动了。许多年轻女性已经内化了这个观念，认为果断自信的女性形象以及去寻求帮助这种行为（这相当于在维护你得以成长、发展和自强的权利和期盼）和

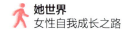
"柔美女性"的形象是相互对立的。

奇怪的是，当小女孩们长大成人后，许多女性摆脱了社会上崇尚"柔美女性"这一带有局限性的观点，开始去实现伟大而引人注目的目标（尽管工作项目可能并没有要求她们这样做）。她们越来越不愿意表现出自己的脆弱，原因是她们很难从一开始就战胜"能力不足"的感觉。既然她们用具有影响力的方式取得了很高的成就和很大的成功，她们就再也不想承认自己的脆弱。简而言之，她们不想承认她们需要帮助。

女性仍然通常得不到来自她们生活圈里的那些人（例如家人、老板、管理者等）的鼓励，并以此改变她们的行事方式，让自己变得更强大、更大胆地去寻求帮助或索取她们想要的东西，比如加薪、晋升和进步。我们现在生活的社会特别像一个父权社会，人们仍然感到不安甚至害怕看到坚持自己主张的女性提出更多的要求，因为女性依然被刻板地要求遵循这种思想：这种行为对女性来说就是不对的或"不合适的"。

实现你的权力转变

学会勇敢开口

在现实生活中，有很多勇敢开口鼓舞人心的例子，我们可以从珍妮和我们周围的许多人那里学习到这一点。我的许多客户和课程指导会员都做到了勇敢开口，例如要求获得更多的报酬，获得更有竞争力的薪资，获得应该属于她们的升职和工作机会。我的播客节目《寻找勇气》（*Finding Brave*）采访过许多人，这些人在索取自己应该得到东西时，最初心里也是害怕得要死，后来终于找到了方法做到了这一点，他们的生活也因此发生了巨大的改变。

寻求帮助和索取你应得的东西将会改变你对自己和世界的体验感，给你带来更多你所渴望的东西。同时它也会用令你激动和自信的方式为他人打开新的大门，并为他们提供服务和支持。

学会勇敢开口的方法

下面是一些关键步骤和策略，它们告诉你该如何开口寻求帮助以及索取那些你应该得到的东西，而这些东西能给你目前的生活和工作带来改变。行动起来，勇敢表达"这是我应该得到的东西，我有资格得到它"，这将改变你的一切。

不过，在我们尝试索取更多东西之前，需要明白一件重要的事情。它就是：

不要过分关注结果。

用不太明显和通俗易懂的方式去寻求帮助或索取你应

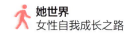

得的东西，同时学会追求令你激动的工作和生意的愿景。你行动得越多，你就能越快地实现惊人的进步。我们必须放弃过分强调我们想要什么样的结果的这种心态，而是专注于我们所提要求的本质。

不要相信你只有一条道路可以通向激动人心的未来，你要学会更清晰地理解更大的成功、更多的回报和更大的影响力是什么样子的，以及它们会让你产生什么样的感觉。要让自己有一个全面的了解，而不是过分关注具体的职务头衔或薪酬数字。

如果你一直在奋力争取一个不可能改变的结果，而没有对成长和更加激动人心的未来这个过程持开放态度，你将错过很多机会去帮助自己创造和体验你所渴望的事物。

以下是一些有影响力的方法，它们可以让你认识到在工作中想要得到和应该得到什么样的东西，以及该如何有效地索取并最终得到你想要的东西。

主动提出晋升

某些工作类的谈话不需要提前做一些准备就能取得成功，但职务晋升类的谈话不属于这个范畴之中。在你走进经理办公室提出这个重要的要求时，你需要做好预案才能取得成功，这包括增强自己的信心，确认正确的时机，准备一个包含事实和衡量指标且有影响力的理由，猜想一下你的老板可能会对你说"不"的所有情况，然后，随时能够冷静地应对这些情况。

对于我指导过的许多从事管理工作的女性来说，周密地提出并落实一个有说服力的"要求"是一件极具挑战性的事情，甚至可以说是一件几乎不可能的事情。研究表明，女性在坚持自己的主张时，仍然会被人认为能力不足和毫无用处。

但我们不能让这一切阻止我们改变自己。我们必须继续朝着我们的最高目标前进。

我们越坚持做自己，世界就会越来越适应自信大胆表态的女性，并欣然接受现在的我们。所以不管是男性还是女性，都会强力支持女性索取她们想要的东西。

你可以用下面这些重要的技巧来有效地与人分享你现在的情况、你取得的成就，以及你下一步的发展方向。

这些高效的分享技巧包括：

（1）清楚准确地表达你想要的东西。首先，在任何谈话中提出任何一个要求时，你都需要非常清楚地明白你想要的东西，

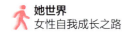
以及接下来你会接受和不会接受的东西。例如，如果你想要求加薪，那么这个过程应该从你应得工资的合理性和外界信息着手，以竞争性研究和你在自己的特殊工作场合中所发挥自身价值的方法为基础，再根据你自身的教育水平、获得的证书和完成的培训，以及数年的工作经历、责任感和所取得的成就进行综合评估。随后花时间了解一下薪资网站上靠谱的薪资信息，记住与你类似岗位的薪资水平的范围，不仅仅要有一个最高的薪资合理地反映你做出的贡献，也要有一个最低薪资。你还可以从职场导师和职场贵人那里得到建议，了解你所要求的范围是否合理，这样你就不会低调行事，从而低估自己的价值。

（2）用衡量指标和范围创造一个有说服力的理由。拥有竞争力的薪资或其他关键性信息是很重要的，但这还不够，你还必须用我说的"你的 20 个事实"来创造一个有说服力的理由。例如你组织的或你为单位完成的重要的且从真正意义上得到改变的 20 个成就和业绩。这些事例应该是实实在在的东西，而不是见解——要有文档、衡量指标和数据做支撑，说明你是如何帮助公司实现它的最高目标的。

（3）认识到晋升给你的"生活圈"和组织结构图带来的影

响，并判断晋升的最佳时机。你要明白，如果你获得了一个晋升机会，这不仅会影响到你自己，也会影响到你周围的每个人，包括你的团队、部门和整个公司。如果你得到了内部的职务提升，很可能意味着公司的其他人也想得到这个职位，但是被拒绝了。你要意识到这也可能会对整个部门造成影响。

重要的是，你要理解并发表关于你的晋升会给单位带来哪些影响的见解。同时，为了成功地在新的职务岗位发挥作用，你要清楚地说明你需要建立什么样的团队和做出什么其他调整。

（4）手里拿着来自职场贵人、职场导师以及欣赏你的同事们给你的推荐信、支持和赞成票。记得带上信件、笔记本或电子邮件以及其他支持性资料，你有多少就带多少，来参加晋升谈话。收集和保存有影响力的同事和其他团队成员发来的电子邮件，以此展示你获得的支持和你所做出的积极影响。考虑到你的个人履历，这些都将大大证明你是这次晋升的合适人选。由于网上信息易于读取且受众群体多，你可以在领英网上建立自己的人脉网，邀请他人给你写推荐信，这些都能帮助你展现个人品牌的影响力。

（5）你告知老板当你的"要求"被批准后，你将给单位带

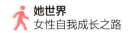
来的好处。当你向老板提及晋升机会时，你需要详细描述你在职位晋升后会给单位带来什么样的积极影响和结果。回顾我的企业营销工作，在我担任营销副总裁时，我和我的老板共进午餐，他问我如果我的职权增加，我是否有能力监管收益数百万的额外产品和服务。我们详细讨论了这一点，他又问了我一个问题，这个问题是关于我觉得我会如何利用最初职位所取得的成就，以及如何将它们应用到我所领导的新业务中去。我已经准备好了答案，并最终获得了这个晋升机会。

（6）与能够参与角色扮演的职场导师或职场贵人一起模拟晋升谈话。我经常在公共场合发言，我的亲身经历告诉我提前为所有重要演讲做好准备的重要性，向你信任的人和对你做出评价的人说出真话是多么重要。你仅仅在脑子里思考这些话是不够的，你必须把你的想法写到纸上形成文字，清楚大声地表达出来。与能够参与模拟晋升谈话的职场导师或顾问模拟你推销自己的话，同时邀请他人来扮演难对付的人，让他们提出困难的挑战和你需要做准备去回答的一些刁钻的问题。

（7）解释说明你的工作愿景与个人使命之间的紧密联系。除了统计数据、衡量指标和薪资数据之外，你还要退后一步，看看这次晋升以及它所带来的更大的职权和更高的贡献度——将如何被你的热情、目标和实现单位成功的承诺所推动。谈谈这个职位与你最关心的事情是如何保持目标一致的，以及它是怎样帮助你不仅实现最高的工作目标，而且还可以帮助你实现个人目标，创造积极的改变，用你梦寐以求的方式领导大家来完成工作。

（8）最后，学会控制你的情绪。为了理想中的职位和薪资，不要感情用事地去要求得到一个晋升的机会。这不仅是关乎你想要的东西，更是关乎你应该得到和已经得到的东西。远离感情用事，就事论事——这关乎你所做出的贡献、给机构带来的影响、用别人办不到的方法让事情得以发展，以及当你的工作职责变大，获得了与你影响力相称的薪资时，你将如何让公司和老板受益。

如果你得到的回答是"不行"或"决定还没有出来"，你会想知道一个明确的原因，同时也要求得到一个机会与你的经理一起制订一个发展计划，该计划概述了必要的步骤以帮助你获得自己想要的晋升机会。如果你没有弄清楚被拒绝的"原因"，那么这表明你应该再看看哪里还需要你，让你发挥自己的最高水平，让你有成长的空间，变得越来越强大。

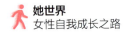

为你的薪资谈判

在莫莉·弗莱彻（Molly Fletcher）的新书《胜利谈判指南》（*A Winner's Guide to Negotiating*）出版后，我联系了她。她是体育经纪人行业的先锋女性，作为第一批从事该行业的女性之一，她创办了自己的咨询公司。同时她还被美国有线电视新闻网（CNN）称为"女版甜心先生①"（female Jerry Maguire），她对谈判中存在的性别固化意识了如指掌。我请莫莉分享了采取有力措施的最佳建议，帮助大家在谈判时表现出更多的权威性和自信。

以下是她的分享内容：

1. 去除公式中的恐吓因素。

薪资表（PayScale②）网站上发布的一项工资比例调查显示，57%的受访者表示，他们从未在现在从事的工作中商讨过薪资问

---

① 《甜心先生》（*Jerry Maguire*）：索尼影视娱乐公司出品的剧情片，该片讲述了杰瑞·马圭尔被一家国际体育运动管理公司无理解雇后，没有灰心，热心面对生活，最终得到了众人帮助并走向成功的故事。——译者注
② PayScale 是一家位于美国西雅图的薪水调查公司，以发布美国大学毕业生的薪水排行而闻名。——译者注

题。他们害怕发声的最重要的原因是：害怕被炒鱿鱼、给人留下固执己见的印象，以及提及这个问题会让自己感到不适。对大多数人来说，这是他们想要回避的事情。

应对的策略：

● 做好准备工作是关键。几乎 90% 的谈判代表在进入谈判时都不能提出存在的基本问题。自信提问的一个重要组成部分就是要做好充足的准备。这意味着不仅要用硬性的数据来武装自己，而且要全方位地了解对方持有的价值观、目标、期盼和担忧。做好准备将帮助你预测谈判中不可避免的起起伏伏的问题，帮助你想出一个更有说服力的理由。

● 进行低风险的预测模拟练习。人们更倾向于认为谈判是一种与生俱来的技能，而不是能通过练习培养出来的技能，这其实是错误的。不要在重大谈判时使用你只模拟练习过一次的谈判技巧。你应该寻找低风险的谈判去练习你的谈判技巧并建立自信心。

● 谈判只是一场谈话。如果你能把谈判变成一场持续的谈话，而不是一次性的战斗，你就会减少一些担忧。请记住，并不是每一次的谈判都是临场发挥的。花点时间做预案，找到对双方都有利的谈判条件。

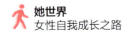

2. 尽全力进行谈判。

女性谈判的频率比男性低得多，当她们进行谈判时，要求比较少。造成这种性别差异的原因有很多，包括谈判对女性所产生的实实在在的"社会成本"。可是当女人不参与谈判时，她们失去的不仅仅是金钱，她们还失去了许多的职业发展机遇，以及在公司的亮相、职位晋升、接受额外培训和成长的机会。

要明白，谈判将成为你谈话中日常的、不可分割的一个组成部分，也是你创造改变的过程。

3. 充分利用你真实的优势。

关于这一点，最大的心得是要表现出自己真实的一面。女性在谈判时会特别容易因为感受到压力的存在而不得不表现出某种性格特征，有时你会看到男性也会有相同的表现。人们对于谈判持有一种刻板印象，认为谈判的人必须态度强硬，咄咄逼人，这就会让谈判方式变得敌对、缺乏妥协性。我认为其实展现真实的你和发挥你的优势更为重要。

学会开口索取你应得的

我每天都会和教练、顾问、服务供应商以及做小生意的老板进行交谈，他们的工作能力都很出色，为社会提供了高质量的产品、服务和项目，但却没有赚到一分钱。当我成为一名教练时，我自己研究并亲身体验了这种现象，我发现失败背后存在很多重要的因素导致收入不足和无法索取你应得的东西，但不是我们通常认为的那些原因。

通常，我们的潜意识和心态成为阻碍我们前进的罪魁祸首。例如，我看到成百上千的女性服务提供商被困于低收入工作的死循环当中，她们会遭遇没日没夜地工作以及周末加班的困境，但年收入仍然低于 5 万美元。无论有多少人（这些人甚至是她们自己的客户）告诉她们，她们的工资待遇太低，她们都不会改变没有得到应有报酬的服务工作和项目。我最近遇到的一个人就存在同样的问题，工资太低，她的劳动价格降低了她的可信度，所以她只能吸引那些根本付不起钱的客户。

如果你为别人工作，每天辛苦工作 18 个小时却只能勉强维持生计，年收入仍然不足 5 万美元，你可能会说应该做出改变了，对吧?

以下是我听到的关于女性经常会提到不收取本应属于她们的薪水的四大理由。在我自己搞清楚之前，我曾经也说过以下这些理由。

1."我很难让别人聘用我。我的工作永远没有高额的薪水

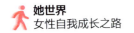
和高额的报酬。"

2."我真的不确定我的工作值多少钱,以及它能赚点什么东西。"

3."我害怕提高我的劳动报酬——我去哪里可以找到愿意支付我所要求的劳动报酬的客户?"

"这个年代不景气——我不想给别人出难题,让他们很难支付我的劳动报酬。我只想帮助别人。"

但这一切理由的背后,我发现了不愿索取高额劳动报酬的深层次原因。

这些原因是:

对你自己创造的价值没有安全感

长期以来报酬过低或没有赚到本应属于她们的钱,这群人往往每天更容易进行长时间的工作,而且中途不休息。这种一直工作不会休息的动力往往源于缺乏信心、缺乏自我价值和不认同自己的工作能力足够优秀。据我所知,许多教练和心理治疗师习惯性地提供超过一个小时时长的治疗时间,并给予咨询者更多的免费服务时长。

这其中的原因是什么呢?本质上,她们担心自己不够优秀或能力不足,无法在规定的时间内完成对客户的帮助。

她们没有花时间或花精力去衡量、量化或清楚地认识到她们所带来的重要结果

衡量你完成的结果所产生的影响，或者如何摆脱你的竞争对手都是很重要的事。你提供的东西与你的竞争对手不同，但你知道如何具体实施吗？你知道你能带来前三十名竞争对手所没有的东西吗？如果你知道自己的竞争优势，那么你能做到无论走到哪里你都能推销自己的优势、与人沟通和分享它吗？

未能意识到劳动报价太低会惹来问题客户和顾客

你的劳动报价反映了你的价值、专业知识、专门技能和你在专业领域中的地位。如果你的报价太低，你认为这会给潜在客户传达什么样的信息呢？你只想吸引口袋里剩最后一块钱的顾客吗？如果你想通过这种方式来拥有更多优质客户和顾客，你就错过了一个重要的细节——那些支付你低工资的人，在工作过程中，他们也会让你发疯。他们会和你一分一厘地计较得失，猜忌你，拒绝尊重或拒绝重视你的个人边界、经验和专业知识。

误以为劳动报价在找工作过程中是最重要的驱动因素

劳动报酬要价过低的人往往认为她们的低廉报价可以吸引更多的客户资源，而他们往往忽视了这些重要的因素：数字推

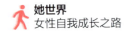

广、促销活动、参与社交媒体、广告宣传、组织活动、领导力思维、人脉圈、联盟和推荐合作伙伴等。

她们也不明白这些重要的原则：

● 如果你在今天的业务活动和工作中采取了不同的措施，那么你目前的那些支付低额报酬的客户群将意味着你不再能够吸引理想中的可以支付高额报酬的客户群。

● 人们不仅要为你的劳动成果付费，也要为你在与他们一起工作时分享的经验付费。那么，你可以从审美层面、情感层面和功能层面提供什么样的经验让人们的生活变得更美好呢？

不谈具体数字

苏珊·索博特（Susan Sobbott），董事会成员、顾问、发言人、美国运通公司（American Express Global Commercial Services）前总裁。她告诉我，她观察到男性企业家和女性企业家有一个重要的不同点，女性往往会回避处理经常性的金融事务，她们会说"我对数字不敏感"或"我安排了其他人完成这项工作"，而男性则没有这样的表现。苏珊分享道："如果你想做成一单成功的生意，那么现在是时候好好来发掘自己的能力了。你要自信地与数字打交道，尽管把这项工作交给专家打理是可以的，但不要丢掉与你业务有关的可以赚钱的专业知识。"

有什么不同的方法可以帮助你索取并得到你应得的东西呢？

请采取以下措施：

1. 确认你的操作流程和你要带到谈判桌上的资料，并确认这个过程会产生的特殊结果。完成一份详尽的竞争分析报告，说明和竞争对手相比，你有什么与众不同且具有竞争优势的东西。如果你发现你在某些重要方面没有竞争优势，那么就采取一些措施来提升你的产品品质，更加自信、更加高效地做好你自己的事情。

2. 不要阻止自己前进的步伐。不要将口碑作为招揽业务的唯一途径。用提高你领域影响力的方式开始营销和推广你的业务。你可以这样做，不用担心会倾家荡产。

3. 对于赚取更多财富的这件事情，要学会克服障碍和担忧。克服你的个人障碍去赚大钱，学会为赚到你应得的钱而激动万分，并为此大胆发声和坚持争取。阅读像《挖掘财富》（*Tapping into Wealth*）、《跳脱极限》（*The Big Leap*）、《金钱的能

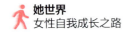
量》（*The Energy of Money*）等这一类让人变得强大的书籍，通过它们来修正你与金钱的关系，提升你的能力，超越今天的你。

4. 建立更强大的个人边界。学会对浪费你时间和努力的那些稀奇古怪的要求说"不"。对那些想要"请教你"，但对你所分享的智慧、经验和忠告不支付报酬的人说"不"。要知道你的时间是值钱的，并因此赢得尊重。如果你不为自己这样做，没人会为你这样做。

5. 寻求帮助去建立和加强你的业务。找到一种方法来获得财务、会计、业务发展和市场营销方面的专业帮助。参加财务系统软件课程，学习如何管理你的财务状况。阅读一些优质的书籍，比如迈克尔·格伯（Michael Gerber）的《重返电子神话》（*The E-Myth Revisited*）和迈克·米夏洛维奇（Mike Michalowicz）的《现在开始只服务最佳客户》（*The Pumpkin Plan*）。同时，确定你将采取何种方式把更多的工作分派出去，扩大工作范围去做你喜欢做的和有天赋的事情。把你不喜欢的工作分配出去，把更多的时间集中在你做得非常好的事情上，把剩下的工作留给那些能支持你并能出色完成他们本职工作的人。

6. 从今天开始提高报价，赶紧行动起来。为了获得适合你劳动报酬的价格，你需要参与竞争性研究并进行价格测试。弄清楚合理价格的范畴，接着提高你的报价并开始用它向新顾客或客户收费，看看事情进展情况。你可以将你现有的客户也慢慢地转到你的高报价客户群里去。

最后，如果你对自己的劳动报酬要价过低，这说明存在阻碍因素让你对自己的付出没有信心，它阻止你发展自己的工作或扩大自己的业务，也阻止你索取你应该得到的东西。今天就采取措施克服那些阻碍你赚更多钱的障碍。当你这么做时，你的业务量就会越来越好，你最终会热爱你的工作，而不是忙于其中。你必须采取勇敢的行动去意识到那些你需要得到帮助的地方，承认和接受你的脆弱，把你自己和你的需求放在首位，向他人寻求你需要的帮助和支持。

学会对内探索自我

提出以下问题可以帮助你发现你想要的东西或需要得到的帮助，或者帮你发现你想在工作中提出的更多要求：

1. 是什么阻止了我自己去寻求他人的帮助？我为什么要这样做？

2. 在我的童年时代，我被灌输了什么样的信息让我觉得寻

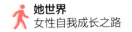

求帮助是错误和软弱的行为？或者是什么导致我认为我不配（或不够聪明或没有能力）实现我最大的人生梦想？

3. 在我今天认识的人里，哪个人擅长寻求他人的帮助？我可以从哪个人那里观察和学习到如何寻求帮助的基本流程？

4. 当我获得我需要的支持时，我独自一人无法实现的惊人结果或转变是什么呢？

5. 在我今天的工作生活中，我应该在哪些方面拥有更多的东西呢？是金钱、应变能力、领导力还是影响力呢？为什么我值得拥有它？

6. 我今天能够做点什么才能找到一个强大的、令人信服的理由让这种想法变成现实？

7. 在我现在的圈层，谁是我寻求帮助的最佳人选呢？

8. 我该选择哪个社交媒体平台来帮助我与更多的人建立直接联系？这些人都是我敬仰、尊重和值得学习的有权势的人以及在专业领域里有影响力的人。

9. 在我的工作中，不要问"我能做点什么以取悦我的顾客或客户呢？"而是问"我如何才能创造一个互利的'双赢'局面，让我们都能从双方的交换中和我提供的价值中获益呢？"

10. 我怎么才能停止与他人做比较，让自己觉得"不如别人"，也不配追求伟大的成功呢？

学会对外采取行动

采取这些勇敢开口提要求的措施，会帮助你获得新的成长和拓展自己的机会：

（1）寻求领英网上有影响力的人的认可，努力发展你的事业。

（2）开始接触不在你目前圈层的能够激励人心的新朋友，把他们算作你的人脉资源。

（3）寻求你目前的人脉资源和团队的帮助，实现你的重要目标，或者与可以给你打开重要大门的人取得联系。

（4）提出你的升职理由，收集令人信服的数据来支持你的晋升要求。

（5）请你的老板和人力资源部门支持你制订一个正式的发展计划，以确保可以获得你想要的薪资和领导经验，或者接触一个让你兴奋的新领域。

（6）让值得信赖的同事帮助你联系他们人脉网中优秀的人物，你可以对他们进行信息采访，了解更多你感

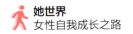
兴趣的新职业的情况。

（7）这周向你的家人提出一个简单的请求，在家务里体现更多的公平分配，这样你就可以停止"功能过度"，停止耗尽精力做一些不利于健康、不恰当和没必要的事情。

积极重塑自我

你要明白，寻求帮助是你坚强和勇敢的表现，因为你准备迎接生活中更多的东西——更多的成功、快乐、回报、激情和影响力。在这个世界上，包括你所敬仰的人，没有谁能单枪匹马地完成事情。所有你尊重和仰慕的人都是在经历了寻求他人帮助的过程后才成就了现在的他们。如果你寻求一些帮助或支持，你就不会势单力薄。而且你也值得获得他人的帮助。

如果你怀疑是否值得获得他人的帮助，那么这周就花点时间把爱传递下去，在你的圈层找一个人，给予他一些支持，让他在你的具体指导下获得好处。在这个过程中，欣然理解你能提供的帮助，认识到你自己的价值。努力体验帮助他人所带来的一切积极感受。认识到有些人随时等着成为你生命中的天使，支持你以最快的速度成长和获得最大的成功。

　　其次，请记住，虽然社会可能仍然会抵制那些勇敢和自信索取自己应该得到的东西的这种女性，但这并不意味着我们应该退缩。这意味着我们需要继续自信地提出要求，并付诸更多的实践，这样我们周围的所有人都能看到既能干又充满自信的女性的样子：她们欣然接受自己的天赋，发挥更大的影响力给世界提供服务，轻松愉快、自信满满地展现她们的成功，当她们变得自强时，也会特别乐意帮助他人得到提升。

71% 的人表明
"确实存在"或
者"可能存在"
这种权力差距

4

权力差距 4:

没有寻求外界有影响力的支持

存在这种权力差距的人常常会说:"我讨厌与人交往。我不愿意结识可能会给予我帮助的陌生人,因为这样做会让我感到不自在。"

* * *

然而,帮助我们的生活得到大幅度改善的不是我们最亲密的朋友,而是那些我们几乎不认识的人。

——梅格·杰伊(Meg Jay)

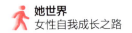
安妮塔（Anita）是一位成绩斐然的职业女性。她出生在英国，在法国生活和工作，2003 年将家搬到美国。在她的职业生涯中，她从事过一些激动人心的国际性工作和监管工作，对她而言，这些工作很有意义、让她充满激情。安妮塔在这个行业里工作多年，直到面临工作与生活的平衡关系[①] 这个难题时，她才对自己的选择产生了疑问。她开始探索新的路径，然后她发现自己热衷于职业指导工作。于是，她终于勇敢地迈出了跨越式的一大步，创办了自己的职业指导公司。但这次转行后最初的发展情况，和她设想的不一样。

早在 2018 年年初，我认识安妮塔的时候，她就已经是一名持证的职业指导师。为了寻求与其他职业指导师建立联系，也为了支持她职业指导业务下一阶段的大发展而学习更多的技能，她参加了我举办的认证培训课程。她喜欢职业指导工作，但却一直没有体验到她需要或想要的成功或回报。她渴望回到

---

① 工作与生活的平衡关系：又称工作家庭平衡计划，是指组织和帮助员工认识以及正确看待家庭同工作间的关系，调和职业和家庭的矛盾，缓解由于工作与家庭关系失衡而给员工造成压力的局面。——译者注

两年前离开公司时大胆追求远大愿景的轨道上。正如她当时所说的那样:"我已经准备好鼓足勇气,战胜因投资自己而产生的内疚感,然后寻求我需要的外界帮助。"

她已经开始意识到,她需要更多的人脉和获得更多的支持来发展她的事业和提升她自己,以便她能够勇敢地追求她人生下一篇章所追求的东西。她也意识到,人脉和支持是她过去和现在取得成功所必备的东西——没有这些必备的东西,我们就只得选择很多具有挑战性的方法去奋斗。

安妮塔的故事有力地说明了如果缺乏有力的支持,或是在工作中缺乏起关键性作用的强大帮助,都将让你停下前进的脚步,让你失去机遇。

安妮塔的个人经历自述:

2016 年 12 月一个晴朗的日子,当我凝视眼前美丽的农场风景时,我意识到我已经付诸的行动给自己的生活带来了更多的平衡,再加上造物弄人,无意中造成了我与曾经助我成功的所有人和事都渐渐分开,直至完全变成了与世隔离的状态。事实上,就在那一天,碟形卫星天线、领英网账号和视频会议应用程序是我保留的为数不多的与工作保持联络的方式,但我与曾经拥有的优秀人脉所带来的有力支持失去了联系,这是我从事全球性工作

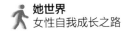

25 年来所积累下来的东西。

16 年前，当我在巴黎工作时，我对一家全球消费品公司提供给我的非常好的工作机会说"愿意"时，我实现了渴望已久的梦想：从本地岗位走上了国际职业的轨道，而且这份工作也是我在十几岁时就一直梦寐以求的工作。我知道，如果我努力工作，取得成绩，办事高明，我很快就会移居国外，甚至更好的发展是获得提职后被派到美国的国际总部工作。很快，我被选为我所在的子公司在欧洲团队的代表，不到一年的时间，我被邀请参加一个全球培训试点项目。我在那次培训中建立的人脉关系，在后来为我提供了一份千载难逢的就业机会，那是全球总部新设立的一个职位。我接受了这份工作，我们搬到了美国，我的事业得到了发展，我的人脉资源也得以成倍地发展。

虽然进入下一阶段的竞争很激烈，但我总觉得周围有很多积极的、有影响力的人在支持我，作为回报，我也会支持他们。当我生下第二个和第三个孩子时，我每次休完产假回来都获得了职务提升。我热爱我的事业，喜欢挑战——这就是我被调到公司另一个部门的原因，这个部门位于美国的中西部地区。

我急于到让我充满激情的新岗位就职。作为有三个不满 4 岁孩子的上班族妈妈，我学会了与支持我的全职丈夫合作，找到下一阶段的正确相处方法。我喜欢我的新公司和新团队。我学会了与"老同学关系网"打交道，同时找到了杰出的行业导师来支持我。我做了我最擅长的事情——努力工作并取得成果。我良好的职业道德和优秀的工作表现让我再次获得升职，这次的工作岗位是一个很具有战略性的全球营销岗位。我认为这是我职业生涯的巅峰时期。

在一个高压和备受关注的职位上，我陷入了困境，我以为我一贯的勇气和决心可以让我渡过难关。我开始频繁出差，指挥跨职能团队的工作，这让我很快脱离了自己熟悉的人际关系网，失去了来自有影响力的领导者的支持。随着压力越来越大，事情变得愈发艰难。我不知道如何完成每一件事，但当我寻求帮助时，有人告诉我"演久成真"。但是，我从来都没有想过要演戏。

在工作上得到的支持不断减少的同时，来自家庭的支持也开始逐渐消失，由于我居住在离家数千英里①之外的地方，家庭给予我的支持已经变得很有限。我的丈夫当时认定那个时期是实现他梦想的最佳时机，他一直想拥有一个属于自己的农场。我很高兴他能追求自己所热爱的事情，当我们第一次买下几头奶牛时，我也为之感到兴奋不已，但随着他有了自己的农场生意，我们的

---

① 英里：英制长度单位。英制是一种使用于英国及其前殖民地和英联邦国家的非正式标准化的单位制。1 英里 ≈ 1.61 千米。——译者注

家庭职责发生了变化，我获得的社会支持和工作与生活的平衡关系也发生了巨变。

很快，曾经让我充满激情和热爱的事业让我疲惫不堪。作为其中为数不多的女性领导，我不想让大家失望，而我又找不到可以理解我的人进行倾诉。那时，我没有寻求行业导师或同伴的帮助，我远离了这些本来对我很有帮助的强大支持团队。我感到非常孤独，并开始思考"生活不仅仅只有工作"。我也真的很想用更多的时间来陪伴我的孩子。我经常出差，所以我一直缺席孩子学校里的各种重要活动。女儿的小学校长曾在母亲节那天代替我当了孩子的"妈妈"，这件事我女儿已经忘记了，但我一直而且永远也无法忘记。身处这个充满挑战和不快乐的工作阶段，我萌生了辞职的念头，并且付诸行动。我有一位从事高管工作的前同事，现在就职于一家新公司，他刚刚提供了一份新的工作职责说明，那岗位百分之百是我能胜任的。几个星期后，我找了一份让我充满信心的新工作，但同时我需要面临两个重大变化。首先，我们现在有了一个可以养牛的农场，离家两小时路程远。我的农场主丈夫不再是一个全职爸爸，他经常外出，照顾家庭对我们两个人来说都心有余而力不足。其次，虽然我有一个优秀的老板，他是一个很给力的支持者，但我不再拥有之前那些能够给予我支持的人，也不再有我所熟悉的企业文化。离开那家我经历了成长的公司，我实际上已经离开了我的"朋友"和支持我的人脉圈，现在我又一次感到非常孤独。

在充满挑战的那段时间里，我遇到了一位刚入门的职业指导师并成为她的"小白鼠"。我立马喜欢上了职业指导这个概念。终于，有这样一个人可以让我放心地述说我对工作与生活平衡关系以及领导力方面的抗争。我只知道我必须学习更多的东西。我找到了一门认证培训课程，开始了为期一年的职业指导培训课程的学习。我发现了我的激情和我梦寐以求的工作机会。我决定要成为一名全职的职业指导师，并成立了自己的职业指导公司。最好的是，我可以通过网络开展远程指导工作，我可以和家人一起在农场居住。

我打算尽快开启我的事业，但命运无常。我丈夫的背部受伤了，而且伤势严重。从他接受手术治疗到康复的这6个月里，我从企业高管变成了农场主。我饲养奶牛、猪、鸡，照顾孩子、丈夫和狗。我学会了开拖拉机和挤牛奶。我很少离开农场，我完全与世隔绝。

在离开公司岗位一年后，我建立的高管职业指导平台已经有所发展，但与经营农场相比，它算不上是我第一位的业务，赚的钱还不够支付账单。我开始意识到，自从离开公司岗位后，我与我的人脉圈断了联系，没有进一步实现我的梦想，我不仅没有了

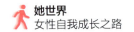

收入，还失去了更重要的东西——我的身份。

就在那天，当我凝视着眼前美丽的农场风景时，我意识到自己的生活已经远远地偏离了给予我支持的人脉圈，也远远地偏离了我的计划。那一刻起，我决定必须回到正轨。

随着丈夫伤情的逐渐好转，我意识到我需要和人、思想以及各种机会重新建立联系。我督促自己去联络前几年曾给予我支持从而让我获得成功的人脉圈。在他们的帮助下，我获得了许多新合同，我开始给更多的企业客户提供职业指导服务。我还找到了一位同行指导师来指导我。通过卫星连接，我从网络上终于开始获得我所需要的帮助和有力的支持，并且我又开始有了一份稳定的收入。

我不再否认自己面临的各种处境，同时在虚拟世界的支持下，我开始寻找更多方法来建立自己新的现实人脉圈。我加入了国际教练联合会（International Coach Federation），并参加各种活动。我找到了当地的一家领导力培训中心，参加他们的培训项目，通过自己的创意之举获得了奖学金。我自愿为支持妇女赋权的组织提供培训和领导力课程。我还投资了凯西的培训项目，结识了一群鼓舞人心的女性。我逐渐走出了我的舒适区，我不仅与之前工作中所熟知的人进行接触，同时也在一座都是陌生人的新城市中建立了一个互惠互利的新人脉圈。

今天，我拥有了领导力和自己的职业指导公司，从事着我真正喜欢的工作。与此同时，我的生活也有了更多的平衡。我又回到了城市里生活。我现在为企业高管人员提供职业指导培训，指导他们如何应对他们正面临的和我曾经经历相同的各种挑战。我帮助他们战胜困难，帮助他们提升自己的领导力，帮助他们开创他们热爱的事业。我继续给女性机构充当积极志愿者，并加入了协同工作。我已经意识到，建立和维护强大的人脉圈，不仅帮助我在事业上取得了成功，而且还帮助我度过了人生中一段最艰难的时光。

现在，如果有认识的人或不认识的人来找我帮忙，我总会说"好的"。我知道那种被孤立和独自承受孤独的感觉，也清楚那种不知道该向谁倾诉的心情。我也知道寻求他人的支持需要很多的勇气，但是一旦你这样做了，它真的可以改变一切。对我来说就是这样。

我遇到并为之提供职业指导的数百名职业女性的故事，几乎都与安妮塔的故事如出一辙，她们要么完全脱离了来自自己人脉圈的支持，要么在大部分的情况下，根本就没有建立起一个强大的人脉圈。而令我感兴趣的是，即使我们在生活中的某个阶段意识到自己需要得到有影响力的人的支持，但在后来的

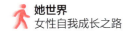

生活中，我们又会常常忘记这是一个必要的事实。

就建立一个能提供有力支持的人脉圈而言，安妮塔最终做了什么事情实现了这一目标呢？接着她又是如何继续依靠它实现了她的最高目标呢？

安妮塔采用了以下基本步骤：

1. 学会面对现实。首先，也是最重要的一点，她不再否认自己的处境。她克服了羞耻感、羞辱感和不愿意承认自己所处的境地这些负面情绪。她督促自己采取行动，去实现她梦寐以求的成功。

2. 重新与人建立联系。她与过去帮助过她的前同事重新取得联系，并利用他们的支持开启了人生新的阶段。

3. 寻求新同事的支持。她意识到了这一点，她也需要来自拥有不同技能的人群的不同类型的支持，她意识到仅仅依靠过去的人脉圈是不够的。她寻找那些在她向往的工作中表现出色的新人，并将那些能帮助她实现新梦想的人加入她的圈子中。

4. 学会推销自己。安妮塔有意识、有计划、有目的性地积极投身于寻找众多让她充满激情的新途径，去维护和那些乐意帮助她的强大支持者的关系，这些新途径包括：①做志愿者；②带头做一项公益事业（例如，给受家庭虐待的幸存者提供帮助）；③从知名人士那里获得专业的职业指导；④加入顶流机构，结识能在她涉足的新领域内做出激动人心事迹的人；⑤为增加她曝光率的优秀组织提供服务；⑥参加由具有影响力的人和培训师提供的培训课程，他们可以传授她新的技能和帮助她提升自我的策略。

简而言之，安妮塔终于踏上了她的"勇敢"之路。

阻碍女性获取大力支持的因素

有趣的是，大量的研究和数据表明，男性和女性在这方面确实存在不同之处。例如，研究表明，男性更加自然而然地被机构里充当"贵人"的高层人士所吸引——有权有势的领导可以提供实实在在的帮助，而且更重要的是，那些贵人要扶持的人可以获得很高的知名度、高水平的任务、热门职位和各种机会。女性做到这一点的难度更大，或者换一种说法，她们不像男性那样能轻松自如地做到这一点。

根据西尔维娅·安·赫瓦特（Sylvia Ann Hewlett）的研究和她的著作《被赏识的技术：找到职涯赞助人，掌握改写人生机遇的关键》（*Forget a Mentor, Find a Sponsor*），赫瓦特分享道，女性在塑造影响力关系方面犯了一个严重的错误：她们认

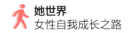
为职场导师和职场贵人是可以互换的。其实这是绝对不行的。

赫瓦特的研究表明，"女性平均拥有的职场导师的数量是男性的三倍，但男性拥有职场贵人的数量则是女性的两倍。我们当中的许多人确实有资历和表现能力，但在发展这些关系方面，我们好像没有那么用心。"

如果没有更高级别的职场贵人来帮助我们建立需要的人脉关系，来为我们谋取单单靠自己无法获得的岗位，我们就会"砰"的一声关上许多的梦想之门。

我的朋友兼同事朱迪·罗宾奈特（Judy Robinett）是《给予者：人脉网络法则》（*How to Be a Power Connector and Crack the Funding Code*）一书的作者，她告诉我女性在建立人脉圈时常常会"走错房间"。这意味着她们一直停留在与同级别的人进行交往的层面上，却没有接触更高层次的人，而正是这些有影响力的人能够帮助我们实现仅靠自己无法实现的目标。也就是说，女性常常搭建错误层次的人脉圈去实现她们的目标。

现在请带着目的行动起来，建立一个有强大支持的人脉圈，它可以帮助你提升和超越你目前的水平。事实是，我们根本无法通过独自在真空中努力来实现令我们兴奋不已的梦想。我们需要那些已经取得巨大成功和影响力的人给予我们支持，请他们在我们无法进入房间的时候为我们打开门，推进我们的事业发展。我们必须停止因为没有达到自己想要的目标而感到羞愧和觉得"不如别人"。

就我个人而言，在我的职业生涯中，正是在我最终向大力支持我的人承认事情进展不顺利的时候，我的问题才得以转变和得到解决——原因仅仅是我把事情说了出来。

还有什么因素让我们无法获得有影响力的支持？下面将列出另外四个阻碍因素，它们使得你无法获得所需要的强大支持和帮助，从而阻碍了你的事业蒸蒸日上。

你的内向阻碍了工作

在过去的两年里，我开始跟踪调查向我寻求职业帮助和指导人群里内向者与外向者的比例。在写下这些内容时，在向我求助的人群当中，有超过 70% 的人自称性格内向。我相信这并不是一个偶然的发现。我看到在我们目前的企业文化中，对内向者有明显的偏见，特别是在那些没有多样性包容度的大公司里，它们不会欣赏不同的工作和不同的工作方法。

苏珊·凯恩（Susan Cain）是一位国际演讲家，是畅销书《内向性格的竞争力》（*QUIET: The Power of Introverts in a World That Can't Stop Talking*）和《安静的力量：内向者不为人知的优

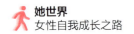
势》（*QUIET POWER: The Secret Strengths of Introverts*）的作者，也是安静革命的首席变革家。

　　苏珊分享了关于内向者的观点，强调内向者在今天这个外向型社会中是如何被忽视和评价的：

　　根据你所参考的研究，有三分之一到二分之一的美国人性格内向。换句话说，你认识的每两到三个人中就有一个属于内向型人格。如果这些统计数字让你感到惊讶，那可能是因为有很多人在假装是性格外向的人。如此多性格内向的人甚至对自己都有所隐瞒，这就说得通了。我们生活在一个我称之为"外向型理想"的价值体系中——大家都认同这种观念，即理想的个体应该是爱社交、气场强大，喜欢成为大家的焦点。典型的性格外向的人是不爱思考的行动派，不爱听取别人的建议，不爱疑神疑鬼，做事爱冒险，做事把握十足。即使冒着出错的风险，他们也乐意立马拿主意。他们在团队中工作表现优秀，在人群中擅长社交。

　　我们容易认为我们重视个性，但我们往往会过于欣赏一种类型的人——那种能够轻松自如"放手一搏"的人。

　　当然，我们允许有在车库里开公司的有技术天赋的独行侠，允许他们保持所有自己喜欢的个性，但他们是特例，不是惯例。我们的宽容仅仅针对那些大富豪或者坚守承诺会这样做的人。

　　虽然内向的人会理所当然地抵制这种不合适的标准，但今天的专业人士确实需要采用一种方法，集中精力，鼓起勇气来搭建人脉圈，建立具备强大支持力的群体。如果他们不这样做，那么他们将错过重要的建议、重要的反馈、重要的指导以及对他们个人发展至关重要的扶持。

　　通过观察我儿子在高中和大学的读书经历，我也看到了内向者的学习成绩和进步是如何被教授和其他教育工作者否定的，他们（也许是无意识地）对内向者有明显的偏见，并且没有意识到他们的教学实践标准有失公平地对外向者进行倾斜。我很遗憾地承认，在多年前的公司生活中，我没有察觉到自己对内向者存在偏见，也不知道我是否曾对与我一起工作的内向者做出过不公正和离谱的判断和评估。

　　为了进一步了解内向型人群成功建立人脉圈的方法（即使他们讨厌社交），我采访了多利·克拉克（Dorie Clark），她的故事可以给人带来启发（她也属于内向型的人）。她是《深潜：10 步重塑你的个人品牌》（*Reinventing You*）以及优秀著作《脱颖而出：如何获得突破性想法及追随它》（*Stand Out: How to Find Your Breakthrough Idea and Build a Following around It*）的作者。作为美国总统竞选发言人，多利在杜克大学富卡商学院（Duke University's Fuqua School of Business）任教，曾

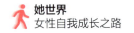

为谷歌、摩根士丹利（Morgan Stanley）和世界银行（the World Bank）等客户担任顾问和发言人。我看到多利在行动中是一个真正的社交型人才，并且她非常致力于建立人际关系网（实际上我正是通过她举办的一个社交晚宴认识她的！），她的这种方式让所有参与者都充满力量，并感到气氛活跃。

多利的个人经历自述：

最重要的事情是，你需要明白，不存在一种正确的、模式化的方法进行社交活动——这不是仅仅参加典型的"交际活动"，比如与陌生人交换名片。事实上，这是最没有效果的一种社交方式。相反，内向的人可以发挥自己的优势，邀请人们进行一对一的咖啡会谈，举办小型的晚餐聚会，或者通过写博客文章和吸引其他人来参加在线"社交活动"。所有这些方式都比必须走到陌生人面前进行闲谈所引起的疲惫情绪要少得多。

多利的建议是：

1. 确保你每次只和少数几位陌生人说话。

2. 有很多新的和有趣的人可以认识，他们已经与你有过一些接触，所以你可以向朋友和同事征求建议，看看他们认识哪些你应该去建立联系的人。

3. 浏览你朋友在领英网上的个人资料，找出他们感兴趣的联系人，并要求引荐。

4. 和朋友一起举办联合晚餐会，你和你的朋友分别邀请三到四个人，这样你就会在一个可控的环境中认识陌生人，他们有共同认识的人，而这些人有利于你们推进谈话。

5. 意识到通过网络进行社交是有帮助的，但它不是最终的目的。网络可以是一个很好的起点，也可以是一个与你已经认识的人保持联系的好方法。在领英网上快速发布推文或信息是分享有意思文章的好方法，如果某人发了一篇有趣的文章，你也可以给他点赞，或者完成类似的事情。但就其本身而言，这还不够。在某些时候，你需要亲自与他人取得联系。如果你要去参加一个会议，想想你所在的行业里有哪些网上的联系人可能也会去参会，你可以邀请他们一起喝杯咖啡。如果你要去某个城市度假或出差，看看你的数据库中有没有你想见的人正好住在那个城市。这就是在生活中巩固网络社交关系的关键。

实现你的权力转变

建立一个能帮助你成长的支持型人脉圈

那么，我们究竟该如何去建立一个支持型人脉圈来帮助我们进行成长和自我的拓展呢？

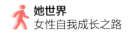
请阅读以下重要的步骤和诀窍。

1. 与关怀体贴、慷慨大方、聪明伶俐以及持续成长的人为伍。我经常问我的客户："谁是你的榜样、职业指导师和职场贵人？"如果他们没有答案，那么我就知道他们在某种程度上是孤立无援的，常常需要独自面对挑战或苦苦挣扎，没有与能激励他们的人建立联系。如果这种情况你听起来很耳熟，那么现在是时候该关注这些事情了：走出去，结交新朋友，建立你的联系人，与那些比你领先十步（或一百步）的人建立联系，以你想要的方式做你想做的事。意识到并且能够接受你在成长中所需要的来自他人的帮助。

2. 这不仅仅是一种单向的帮助：你需要向给你提供大力支持的人提供服务。一旦你开始建立一个强大的人脉圈，请学会支持你人脉网里的人。问问自己能如何帮助你的榜样和支持者。你可以给予和提供他们需要的东西吗？你能为他们打开什么样的大门，引荐什么样的人脉关系？你有什么技能可以给予他们帮助？

举个例子，几年前我第一次在《福布斯》杂志的博客上采访朱迪·罗宾奈时，我和朱迪一见如故。"嗨！你的工作进展如何？你现在需要什么帮助？"我以前从未收到过这样的电子邮件，我知道这是一个大好时机，我可以准确地告诉朱迪我需要什么样的支持。我告诉她，我很想认识更多创业界的女性，为她们提供领导力和执行力方面的职业指导。她马上给了我一份含有五个符合我要求的人员名单并且含有她们的联系方式，同时，她说她会很快跟进，看看我们的谈话进展如何。

但故事并没有结束。为了回报她的恩惠，我问她：“我现在能为你做什么？”她告诉我，她不得不为她正在进行的一个项目写份新的个人简历，因为我是一名作家，她想知道我是否可以帮得上忙。我很高兴能为她提供帮助来作为我对她的回报，那天我为她写了一份新的个人简历。

这个故事的寓意是：不要单打独斗去奋斗，不要只依靠自己的努力去赚更多的钱或取得更多的成功。想想你能帮助自己人脉圈中的人进行哪些发展和成长。首先，为他人效劳，发挥你的才能和天赋去帮助他人，这种感觉非常好。其次，它具有高度的创造性，可以为所有参与者创造更多的成长空间。当你的支持者蓬勃发展时，你也会有同样的收获。

3. 公开大胆地表达你的新工作思路（没有一丝恐惧或尴尬）。如果你不愿意谈论你的想法或新愿景，你就无法

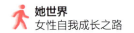

向前迈进。以下两个重要的原因可以解释为什么人们拒绝分享他们的新想法：①他们担心自己的想法会被剽窃。②他们担心自己的想法不够好或不够有价值。在某些情况下，在发展道路达到了一个特定点之前，你确实需要把你的创新想法留给自己。但一般来说，如果你不谈论你正在做的事情和工作，你就无法获得支持。例如，我的一些客户曾试图通过发布一个网址来启动新业务，他们认为做完这项工作就足够了。其实不然，这项工作需要你花费几个月的时间，利用各种手段进行沟通和分享，你需要为你做出的新努力营造轰动效应和兴奋感。

4. 鼓足勇气征求批评意见。大多数人不喜欢对他人提出批评，而且更讨厌受到批评。但敞开心扉，听取批评意见可以帮助你发展和成长，这对你的成功来说至关重要。你需要开始勇敢建立自己的人脉圈：邀请 10 个你最尊敬和最依赖的支持者来分享他们的想法。问问你如何改进你的工作方式，如何在这个世界上展示出来，以及你关注什么样的事情。问问你的沟通风格、你的人际交往技能、你的个人形象和公众形象、你的声誉、你的业务规划方案、你的营销努力、你的财务规划——问问任何与你和你的职业生涯有重要关联的事情。不要由于有所顾忌而不愿意征求重要的意见。

5. **不要吝啬——学会分享你所知道的东西。**我加入了几个我喜爱的社交媒体小组，成了其中一名会员。在这些小组里，我们以讨论的形式分享我们的问题、建议、见解和想法。例如不久前，我收到一个提问，这个问题是关于如何在电话中帮助客户营造一个他们感受到被倾听和被理解的安全空间，对此我给出了一些技巧性和策略性的答案。有趣的是，其他职场人士告诉我，他们绝对不会与他们的竞争对手分享他们的生意经或关于获得更多成功的深刻见解。

在我看来，这往往反映了他们对分享存在恐惧（或害怕被敲竹杠），还有对知识、时间和期望他人成功的"吝啬"。那些对此保守秘密的人往往只想把成功留给自己。然而，这样做必然会发生的情况是——你会限制自己的成功和发展。恐惧匮乏只会导致更多的匮乏。我曾共事过的一些作者就很害怕在媒体上分享自己的知识，他们担心如果免费分享了自己的见解，他们的书就会卖不出去。我却发现事实并非如此。你分享自己所知道的东西越多，你就会越受到重视、赞赏和追捧。

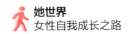

与职场贵人或职业指导师建立联系的方法

前段时间，我在领英网上看到了一位新朋友对我分享的文章《你的求职为何停滞不前》（*Why Your Job Search Has Stalled Out*）做出了回应。他问了一个问题，这个问题正是许多职场人士经常问我的问题，他们知道职场导师对他们的职业生涯很重要，但不知道如何实现这个目标。这个问题是这样的：

在我从事的这份工作中，除了导师制这一项以外，我完成了你给出的所有建议。我在这个方面处于停滞不前的状态。我找到了许多与我有共同梦想的职场人士，他们现在都取得了巨大的成功，但我发现自己在准备接近他们并寻求帮助时显得犹豫不决。这些犹豫可能是由于我不想表现出需要别人帮忙的样子，但我想这主要源于自己缺乏能说会道的能力去说服别人接受我需要帮忙的请求。在这方面，我真的需要帮助，同时也恳请你能给予我帮助，让我完成接下来的跳槽计划。

我很乐意在此为大家解决这个难题，因为我所接触的太多人在寻找职场导师的过程中一直都很费力，而且最终的结果往往是失望、生气或迷茫。

以下是寻找优秀的职业指导师和职业贵人的 4 个最棒的诀窍，最大限度利用好它们你将获得帮助：

（1）没有任何"神奇"的话语可以帮助你从陌生人那里获得指导。别费心了。

首先，关键是要知道哪里可以找到优秀的职业指导师，你不要找陌生人，这不是你找到他们的方法。

谢丽尔·桑德伯格（Sheryl Sandberg）在她出版的书籍《向前一步》（*Lean In*）中将找陌生人来当自己的职业指导师与一本儿童读物的故事主角的行为作类比，这本受欢迎的儿童读物是《你是我的妈妈吗？》（*Are You My Mother*），故事的主角是一只从空荡荡的鸟窝里破壳而出的幼鸟，不管它见到的是什么（包括小猫、母鸡、狗、牛、蒸汽铲），它都会去问："你是我的妈妈吗？"得到的回答总是一样的："不是！"这像极了一位职场人士去问一个陌生人："你愿意做我的职业指导师吗？"

桑德伯格说："如果有人一定要问这个问题，答案很可能是'不'。当有人找到合适的职业指导师时，问题显然就变成了一种声明。追求或强求建立这种联系几乎是行不通的。"

你应当从自己一直保持联系和一起工作的那些能激励他人的人群当中寻找优秀的职业指导师或职场贵人，而且你已经向

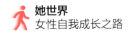

他们展现了你的潜力——他们知道你的思维方式、做事风格、沟通方式和所做出的贡献。而且他们也喜欢你、信任你、信赖你，否则他们为什么要帮你呢？他们还需要绝对相信，你会把他们对你的所有投入和反馈意见都物尽其用。

如果你对另外一个陌生人提出职业指导的请求，得到的答案基本都是"不行"。这是为什么呢？首先，因为他们的时间已经被别人预定了，而且他们经常被类似的请求所淹没。其次，他们不认识你，所以无法了解你的执行能力，也无法确定帮助你是否会花费大量的时间。

在你认识的人中寻找你的职业指导师，在你工作的领域、岗位或行业中他们只需要领先你十步，你可以用自己想要的方式去做你想做的事。去结识你可以给予他们帮助的新朋友，他们会发现支持你是一件互利互惠的事情。如果你不认识任何能激励他人且符合这一条件的人，你需要扩大人脉圈，并努力去找到他们。正如我在前文所提到的内容，你要学会推销自己，在你常常遇到新同事的地方"走进一个不同的房间"去结识新朋友。

（2）让你所崇拜的具有影响力的人注意到你的存在。

不要开口就索要他人的指导，而是要关注他们的工作，并给予帮助和支持。学会给予，尽可能多地给予。在推特上发表他们的文章，在他们的博客上发表正能量的评论，分享他们的最新消息，在领英网上就他们的文章展开讨论，向他们推荐新客户或新业务，这样的例子不胜枚举。简而言之，提供你独特的观点、态度、经验和资源，推进这些由具有影响力的人所发起的行动和对话。知道你能够为他们效劳，那就放手去做吧。

（3）成为一个能给予回报和令人愉悦的被指导人。

能够吸引充满力量的职业指导师的第三个方法是你知道如何在工作和生活中行事。你是你自己愿意指导的那种人吗？你思想开明、办事灵活吗？你具有适应能力和尊重他人吗？你是否特别想学习，并致力于改变你在这个世界上的互动方式，以此获得更多的成功、回报和幸福呢？

成为积极追求自己事业的人，每天都要表现出为事业奋斗的样子。

阅读以下来自戴安·休梅克 – 克莱克（Diane Schumaker-Krieg）的非常棒的建议，她是一位在华尔街担任领导职务超过三十年的全球财务主管。

● 出色地完成你做的事情。虽然这一点不言而喻，但这是你能做的最重要的事情，只有这样做才能得到他人的关注。

● 承担更多的责任。一定要有具体的想法，说明你会如何

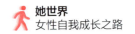

更深入、更广泛地做出贡献。创意和想法必须跳出常规。

● 不要成为一个局外人。参加所有的会议，即使是"可去可不去"的会议。自愿代表你的团队参加部门层面或单位层面上的各种重要活动。提前做好准备，以便你能有目的地推进讨论进程。

● 助力他人的成功。这样别人就会记住并回报你的慷慨相助。

（4）从可能给予你职业指导的导师角度来思考问题。

最后，当你在请求他人帮忙却遇到困难时，请你站在他们的角度来思考问题。如果情况发生了变化，你希望从这个寻求帮助的人那里看到什么？如果你每天都会收到许多的求助请求，你会选择帮助哪种人，其中的原因是什么？行动起来，让自己成为那个别人都愿意支持和培养的人。

（5）不要错失以最佳方式建立高价值、长期的联系。

这一点对我来说很重要。在我的工作中，我经常会遇到一些人向我寻求帮助，希望我能给他们提供募捐或宣传以及扶持他们的业务。虽然他们的计划很可能是合理的，但他们请求帮助的方式往往是令人反感的。他们的外联活动不是从想要建立真正的人脉关系的角度出发，而是从他们能够得到的东西的角度出发。他们伸出双手，当我不能或不愿意给他们提供帮助时，他们就会很生气。

最后，确保避免这个严重的社交错误（感谢朱迪·罗宾奈特提供的这个好建议）。

朱迪说，在人们愿意帮助你成就大事之前，他们必须了解、喜欢和信任你。而他们往往是经过一段时间的、有价值的相互联系才会做到这一点。关键因素不在于你接触他们的次数，而是你将这些联系转化为持久关系的次数。你需要制订一个计划，系统性启动和维持与最重要的人之间的高价值和长期的联系沟通。

建立自己的强大的人脉圈对你的成功和发展都至关重要。强大的人脉圈是一次次建立和培养起来的，它是一个重要的基础。在此基础上，你可以广交人脉，扩大你的影响力，并实现你的最高工作目标。强大的人脉圈还可以确保在你晋升为领导时，获得其他女性的支持。

你是否在积极主动地建立你有影响力的强大人脉圈？今天你可以通过完成什么事情来发展支持你的团队，并帮助其他女性完成同样的事情？

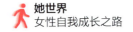
学会对内探索自我

提出这些问题可以帮助你向前迈进，与有影响力的职场贵人、励志的职业指导师和其他强大的支持建立联系，将你的职业发展提升到新的水平。

1. 为什么我会阻止自己去寻求强大的帮助和支持呢？我是否觉得不值得，或为自己需要帮助而感到羞愧？

2. 目前在我的人脉圈里，谁过去曾经给予了我很大的帮助？我可以重新联系他们吗？

3. 目前是否在社交媒体上关注并熟识了至少 20 人？他们从事的工作中有我梦寐以求的吗？如果没有，为什么没有？

4. 我是否一直让我内向的性格成了我的社交障碍，仅仅是因为这对我来说太有挑战性了？我能否克服不愿意社交的心理障碍，并且尝试一种与我喜欢的行事方式相符的新方法？

5. 我是否敢于利用每一个可以利用的机会与有影响力的人进行交谈（比如在首席执行官的午餐分享会上，直接坐到她的旁边，而不是躲在房间的后面)？

6. 我是否问过生活中最优秀的支持者，我该如何做才能对他们有所帮助？

7. 当我建立人脉圈时，我是否问过这两个重要的问题：

"你对我有什么看法吗？""还能联系谁来获得帮助呢？"

8. 我是不是卡在了"同一个房间"里，即只与我水平相当

的人交往？这是因为我对拓展社交范围感到害怕吗？

9. 我是否正在向我的支持者提供帮助，还是只是单方面地

请求他们给予我帮助？

10. 关于我今天的处境，我一直羞于承认或不好意思承认

的真相是什么？

学会对外采取行动

如果你想要从今天开始走上"勇敢搭建人脉圈"的

道路，并开始与你的商业偶像和其他能够帮助你提升

自己的成功人士"建立联系"，那么下面这些优秀的建

议你可以看看。它们来自世界上最大的商业网络公司

BNI.com 网站的创始人，被称为"现代网络之父"的伊

万·米斯纳（Ivan Misner）博士。

1. 欣然接受不自在的感觉。如果你在与人联系时没

有感觉到不自在，说明你的目标还不够高。你需要克服

这一点，去和他们交谈。你表现出来的不自在可能是一

个信号，表明这正是你应该与之交谈的人。

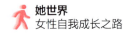

2. 不要向他们推销自己。当你第一次与人接触时，
"问问对你也没有什么损失，对吧？"这句老话是完全
错误的。很多人都这样做了——千万别成为他们当中的
一员。

3. 了解他们当前的兴趣点。如果你知道你想要"建
立联系"的人会参加某个活动，你需要提前做网上调查，
看看他们目前的工作内容，然后询问他们的工作情况。
如果你没有做调查，那就问问他们最新的项目是什么，
或者最令他们激动的事情是什么。

4. 提升自身的价值。这是最重要的一项。如果你能
找到一种方法来提升自身的价值，你就会给人留下印象。

积极重塑自我

这是底线：第一，所有关于人际交往和职业发展问题的答
案都并不遥远。答案就在你的心中。遵循你在日常生活中需要
遵循的各种规则，例如礼貌谦逊、慷慨大方、责任担当、无畏
无惧和互惠互利等。但要确保你自己明白，你值得获得令人惊
叹、有影响力的支持，然后向前发展。世界需要你，需要你的
才能，需要你的新想法和新计划。你可以提供更多更有价值和

更重要的东西。

第二，请你想象自己站在你非常尊敬和钦佩的那些人的立场上，他们以你梦寐以求的方式取得了巨大成功。然后想象"未来的自己"已经取得这种巨大的成功。去问问未来的自己现在该怎么做，她肯定知道！

第三，在生活和工作中，始终要求自己做一切必要的事情来吸引（并回馈）高水平的帮助者和支持者，提升你自己的事业，在你成长的同时帮助其他女性得以提升和获得发展。

借用两句古老的格言：你确实得到了自己所追求的东西。现在就是传递爱心、帮助他人的好时机。

48% 的人表示
"确实存在" 或
者 "可能存在"
这种权力差距

权力差距 5:

默许职场暴力行为，
不敢大声说"住手！"

存在这个权力差距的人常常会说："在面对职场暴力行为以及身边女性遭遇不公平待遇时，我不敢对此提出质疑。"

* * *

我们每个人眼中的天堂或地狱的样子源于我们对暴力虐待行为的看法、反应和回应。

——基尔罗伊·吉·奥尔德斯特（Kilroy J. Oldster）

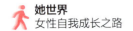
工作中普遍存在性别歧视、性骚扰以及不公平和不合法的行为，这是我亲眼所见的事情。在本章中，我想与大家讲述我曾遭受的职场暴力和性骚扰，并分享我所指导和交流过的其他女性的亲身遭遇。因为这些行为的驱动力在某些重要方面极其相似，所以世界各地数以百万计的女性都正在面临这样的遭遇。

最近的研究表明，每 10 名女性中就有 4 名女性表示经历过某种形式的职场性别歧视。其他研究显示，每 10 名女性中就有 8 名女性亲历过职场性骚扰。不管我们是刚参加工作的新人，还是工作多年的老员工，我们大概率都会亲眼看见或亲身经历某种类型的职场性别歧视或其他类型的职场暴力行为。最让人痛苦的事情是，即使你遭受了或亲眼看见了这些事情，也会因为担心受到他人指责、被单位解雇或拉进行业黑名单而不敢发声和行动。

我在许多会议上做演说时曾要求观众举手示意，询问他们是否看到过职场中他人遭到错误或不公正的待遇，而这类事情让他们深感不安，即使是回到家里，这件事情也仍然让他们思考对此应该采取什么措施。几乎在场的所有人都举手示意他们经历过这样的事情，举手的听众中还出现了男性的身影。

然而，在我的指导工作中，我也看到许多女性能够主宰自己的命运，她们赋予自己勇气、胆量和有效的行事方式，让这种局面得到转变和改观。我发自内心地相信，我们可以学习如何拥有更多积极的权力和掌控力，让自己成为生活的缔造者，而不是成为只能接受他人安排、不能表达拒绝或提出质疑的人。我从自己的生活中学会了对即将发生的事情停止做出回应，取而代之的做法是用与过去经验完全不同的新方式来进行回应。最后，当我们能够真正代表自己拥有更多的积极权力、独立性和自由意志，并采取我们需要的行动做出我们认为正确的选择和决定时，我们的生活和事业才会得到快速发展。

当然，有人做不到这一点——她们仅仅是缺乏改变眼前事物的权力。然而，在我所指导过的来自不同的社会经济和金融背景、拥有不同教育背景、身处不同阶层的许多职业女性群体里，我看到了她们存在为自己赋权的条件和可能性。

我第一次遭遇职场性别歧视、职场性骚扰和职场暴力事件是在我 18 岁那年，我在自己的家乡美国纽约州斯克内克塔迪市从事一份暑期工。我在市中心的一家小厂商兼职了几周的前台接待员工作。一天中午，我一个人坐在前台旁的桌前，公司里的一位男同事走过来和我说话，接着他很突然地将手放到了我的胸部，摸了起来。我当时被吓傻了，不知所措。他摸完后，笑了笑就走掉了，像什么事都没有发生过一样。我太震惊了！那之后的很多年，我都不敢向任何人包括我的家人提起这件事。当时我非常震惊，害怕回到前台工作。更可悲的是，我必须遵守合同要求的工作时间，完成了接下来一周的工作。

后来，在别的公司工作期间，我的事业得到了优秀男性职业指导师及男性职场贵人的帮忙和指导，他们培养我走向成功，是我可靠的支持者。即使是这样，我还是时不时会遭遇职场不公的待遇和职场性别歧视。因为我是女性，有些男同事就认为我能力差。比如，某次在我开口说话和做报告时，一位盛气凌人的男经理就用鄙视的目光看着我，好像迫不及待地想让我闭上嘴，他看我的眼神就像看一个傻子一样。他的权力很大，我注意到在他自己的工作核心圈层里，他只和男性打交道，并且有意地与管理层女领导和女性员工保持距离。所以，毫无疑问，他只会帮助男性升职加薪，而女性则得不到他的任何恩惠。还有一位领导经常命令我向他报告自己午餐期间的行踪，并用威胁的语气要求我汇报我工作范畴以外所做的事情。我感觉整个人都受到了他的控制和操纵，我为此感到害怕。还有一个同事，是欧洲总部派到我所在公司的男同事，他是一位十分令人尊敬的公司高管，我们一同出差去参加一次行业会议，他却以一种令人意想不到和令人生畏的方式来接近我。

但是，最令我感到恐慌的事情是职场性骚扰。在某一段时间，我去了一个新的工作岗位。但到岗不久，奇怪的事情发生了。一位男高管开始要求我陪他单独长途出差，他命令式的语气让我感到非常不舒服。他的态度越坚决，我的压力就越大，而且更加觉得这种长途出差是完全没必要的。随后我有了更多的顾虑，我猜测对他来说出差是为了和我保持不正当关系。我为此感到紧张不安。起初，我不愿意相信这是事实，还觉得自己要么是犯傻，要么是有妄想症。我对自己的直觉感到万分的怀疑。"事情不可能是那样的，"我对自己说，"这只不过是我幻想出来的事情。"但是他坚持让我出差的态度一直没有改变。

　　那时，作为岗位上的新人，我不想为了这件事情而惹是生非或自找麻烦，所以我小心翼翼地咨询了在这个部门已工作多年的一位女同事。她说："哦，你猜得没错，他就是这种人。只要看见新来的漂亮女孩，他都会这样做。他是想和你保持暧昧关系。他就是这副德行。"

　　于是，我尽了最大的努力去处理这件事情，我告诉他那段时间我不能出差，因为我丈夫经常出差，孩子年幼，家里需要我。他为此很生气，扬言如果我不陪他出差，会对我本人以及我的工作都不利。但在我坚持了一段时间以后，他好像接受了我的借口，但并没有收手。他对我还是一贯的举止不得体，

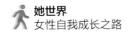

但还好在我看来他的行为没有之前那么频繁、那么令我感到畏惧了。我能察觉到，如果我正面与他对峙或者去人力资源部门投诉他，我就会让自己陷于不利的处境，甚至还很可能会受到排挤。

在我离开那个部门的几个月前，这个人给我发了一封电子邮件，邀请我去参加他在自己家里举办的家庭聚会。他在邮件中写道："我希望能看见你全裸地出现在我家的泳池里。"我简直不敢相信这个男人竟然如此随意地写下了这些话。我没有回复这句话，只是找了个借口说明我不能参加这次聚会的原因。但我为此感到非常焦虑和不安，不知道接下来该如何对付他。

当我收拾起自己所有物品准备离开公司的时候，我浏览了我所有的电子邮件，确保我把需要的东西都带走了。我当时出人意料地删除了他提出想看我不穿衣服的那封邮件。我隐隐约约觉得不应该删掉它，但我控制不住自己。在我按下删除键的那一瞬间，那种无法用言语表达的忧郁和沮丧的情绪涌上了心头。

时至今日，事情已过去多年，我终于确信我弄清楚了当时删除那封电子邮件的原因，这个原因和那些遭受过职场暴力和职场性骚扰的女性是一样的。

我删掉那封电子邮件是因为我觉得这件事情投诉无门，所以我不应该把它当作证据保留下来。现在一切都为时过晚。我觉得我本应该在事情刚发生的时候就去人力资源部门投诉他，但我并没有这样做，而事后再用这封邮件去投诉他或投诉这家公司，对我来说是不妥当的做法。我觉得我错在没有在事情刚发生的时候大胆发声，事后再出其不意地追究和指控他好像有失"公平"。当时的我由于害怕受到报复而没有勇气与这个错误的、这个给我带来伤害的行为做斗争。那时，我被这件事情吓得不轻，后来我心想，"还好，现在一切都结束了。"

　　许多年过去了，当我采访心理治疗师特里·雷尔（Terry Real）时，他在我们的博客节目《寻找勇气》中讲述了这种事情存在一种驱动力方式。他解释说女性常常保护了对她们施暴的男性，这是非常典型的例子，特里大规模地研究了这种事情的驱动力方式，研究结果表明，成千上万的女性都不遗余力地保护了对她们施暴和进行性骚扰的那些行凶者。

　　她们之所以会这样做，部分原因是她们担心如果表现出不顺从的样子就会遭到伤害。但他的研究结果表明，这样做所产生的不良后果远不止于此。不知道出于什么原因，她们为自己遭受的辱骂和职场暴力背了黑锅，或者她们认为自己大胆发声、站出来反对职场暴力或为了争取公平而寻求帮助的行为，都是有失公平或错误的行为（正如我之前所做的一样）。

特里在《福布斯》采访中分享了如下观点。

父权社会里存在"三个怪圈"。第一个怪圈我称之为"伟大的分而治之"，男性和女性将他们自己一分为二，分别是强者和弱者。

第二个怪圈我称为"藐视之舞"。强者和弱者之间并不是平等地一分为二，强者之舞表现得欢腾雀跃，而弱者之舞却备受冷落。强者之舞和弱者之舞之间的本质关系是藐视。我知道这事令人很不愉快，但事情随后的发展只会令人越发地感到厌恶。

第三个怪圈我称之为"重要的合谋"。它指的是不管谁把自己置于"综合体的弱者"一方——不管是孩子和父母之间，还是人质和绑匪之间，不管对象是谁，弱者即使被强者所伤害，他们也仍然都会用骨子里的本能去保护综合体里的强者。

对那些遭受精神创伤的孩子也是如此，他们试图管理自己的父母。对于那些试图向上管理统治他们或压迫他们阶级的民族来说，情况也是如此。同理，女人和男人之间也是如此。我相信这是人类心理学和人类历史中一种不言而喻的、影响深远的力量。受到保护的永远是行凶者。

回顾过去，我没有赋权为自己所遭受的职场暴力和职场歧视大胆发声。与大多数情况相同，遭遇这类事情后，我没有向任何人提及。有时候，我仅仅是将我的遭遇告诉了朋友和家人，却没有采取具体处理措施。换句话说，直到我迎来了突破性改变的那一刻，我才终于说出了那句话——"我受够了！"。这一突破性的举动改变了我的人生航向，我成了一名心理治疗师和职场教练，还开始了创业之旅。同时，它也让我愿意去更多地了解女性在生意场和工作场合中所经历的故事，从而在面对不利的局面时，我们能找到自强的新方法，不会让自己再重蹈覆辙。

崩溃后的改变

- 我鼓起所有勇气承认我想要改变我的生活，最终我发现我值得拥有更好的生活。

- 我下定决心，从今往后，要对自己的工作方式、工作伙伴以及工作内容拥有更多的支配权。

- 我意识到为了制止职场暴力行为，我必须更加勇敢地表明自己的立场，用不同于以往的方式来重新认识自己和表现自己。

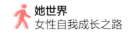

● 我开始认识到我的遭遇并不是个案，世界上有成千上万的女性也正在经历这些遭遇，但我希望自己能因此而变得更加强大。

● 我意识到一个女性不应该独自面对这种局面，请问问自己："这个有权有势的男人对我实施的职场暴力和施加的镇压，影响到了我今后的生活，他让我感到恐惧和不安，他逼迫我做我不愿意做的事情，但是为了保住我的工作，我该如何对付他呢？"

许多女性都经历过身体虐待、性骚扰、猥亵、被迫发生不正当关系等情况，除此以外，职场上还存在很多不易被察觉或无法描述的其他形式的暴力和歧视行为。在很多情况下，职场里看不起女性的思想一直都存在。在潜意识中接受了这种思想会让许多女性变得软弱无能。

我的客户黛安（Diane）就是一个活生生的例子，她是一个自身成绩斐然、能给人以启示的女性。她曾遭受过多年的性别歧视和职场暴力，然而，她勇敢大胆地采取行动去改变了她所经历的这一切。

黛安是一位医生，在好多年前，她曾请我给她进行职业指导，希望解决和改变她在医疗实践中与同事之间的不良关系。她渴望找到新的方法来战胜冲突、背信弃义、对女性边缘化以及她所看到的和被卷入的其他具有挑战性的事情。她努力学习做出反应和新的沟通方式，因为这有可能会改变发生在她身上和身边的事情。

黛安的个人经历自述：

我曾与我的家人和朋友开玩笑说，在我到了放射科工作之后，我才意识到自己的女性身份。我在童年时是夺旗橄榄球队中唯一的女孩，但从未经历过性别歧视。

令人惊讶的是，我花了很长时间才意识到这件事，原来我在集团里没有发言权。在一个由14位同事组成的医生集团①中，我是股东之一，14人中有3位女性。我们的领导都是由男性自行推选的，他们似乎没有察觉我们女性变得沉默不语的原因。他们多次对我提出的合理意见不予理会，他们也不考虑我的女性同事提出的许多合情合理的建议。在这个集团里，女性没有投票权，没有讨论权，没有存在感。

在经历了6年的失意和沉默不语之后，我开始寻求职场教练

---

① 医生集团：医生集团又称为"医生执业团体"或者"医生执业组织"，是一种由多个医生组成的联盟或者组织机构。"医生集团"可能属于医院，也可能是独立的"医生组织"，一般是独立法人机构，以股份制形式运作。——译者注

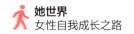

 的指导。在指导课程中，我的职场教练鼓励我要在集团里发挥更多的领导才能。但我想说明一下，我寻求指导并不是为了成为集团的领导者，我只是想拥有发言的权利，能够对我们的领导层产生一定的影响力，而不是想成为一名领导者。

老实说，我只希望我的工作充满和谐，但我们的企业文化对我产生了负面影响。我的同事们平日里都是与人为善、心地善良的人，个个都是优秀的医生，但当大家以董事会成员的身份一同经营一家集团时，所有的关系都变得不正常了。集团股东之间不断在背地里相互捅刀子、相互诋毁。我想改变我们集团文化的发展方向，还想提升我自己的职业满意度。

在我学习职业指导课程的几个月后，一个新的社区医疗单位成立了，他们正在物色理事会成员。我们公司可以提名一名股东，我当时表示我想去尝试一下。我的一个男同事斯坦（Stan）立即表示他也想去就任。他只是简单地表达了一下他愿意做这份工作，好像事情就这么定了似的。

他有资格表现出这种傲慢的样子。而我，再次感到了自己的无能为力。虽然我的内心很愤怒，但我还是要靠边站。我相信，如果不是我的职场教练激起了我内心的火花，我早就靠边站了。那是一粒给予自己权力的小小种子。虽然我非常抗拒我可以或应该成为一名领导者的想法，但在那一刻，那颗小小的种子已经在我心里生根发芽了。

我不知道该如何继续我的工作。我真诚地渴望和谐，不想激化与同事之间的矛盾。但我还是开始有一点相信职场教练所说的话，我和我的男同事一样，事实上我也具有存在的价值和个人威信，尽管我还是相信我事实上并不适合做领导。我很矛盾，需要做一场抉择。

所以我向我最亲近的家人说明了这一情况。我很确定他们会给我一个小小的安慰："别去折腾了，虽然这不公平，但生活就是这样。"但令我惊讶的是，家人对我说："不要退缩。你有同样的权利去获得这个职位，而且你正好也具备这种能力。"我莫名其妙地相信了我的男同事的错误言论，相信了他们口中的我是个软弱无能的人，并且他们期望我所信任的行业顾问们也认同我应该选择靠边站的想法。

回顾过往，我意识到自己习惯了不受人重视的感受。而我受到的冷遇则是因为我似乎没有什么威信、没有什么价值。虽然我是公司的股东之一，但我一直被要求给我的男同事让位。

斯坦和我都已经告知了集团公司我们都有申请这个职位的意愿，一位男同事对此事的回应是，他支持斯坦。此刻，我真的需要艰难地为自己去争取，所以我给集团公司写了一封邮件，陈述了我本人对这个职位所具备的任职资格。

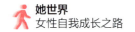

那时候，迈出的这一步对我来说特别的重要。虽然现在看来，这一无足轻重的举动似乎有点可笑，但对当时的我来说，我感受到了一种完全陌生的积极方式，它帮助我列举了我的优势和经验。我从来没有像这样用一份清单的形式来列出自己身上具有的所有优势。我在高中时曾把自己的数学考试分数藏起来，以免别人因看到我的高分而感到自卑。虽然我一直得到父母的支持，但不知为何，我很早就学会了这种病态的谦虚，总是在极力贬低自己的聪明才智。

根据该岗位撰写一份有关个人成就和个人特质的清单，对我来说是一项非常锻炼能力的事情。当我阅读自己写的这些内容时，我很惊讶地发现自己完全有资格申请这个职位。在最拥护我的同事当中，有一位同事把这封邮件称作我的"选举宣言"。我获得了我们集团公司的提名，成功入选了社区医生集团的执行委员会。

在力争这个领导岗位的过程中，即使我受到了冷落，没有发言权，我还是努力坚持自己的立场，宣传自己具备的任职资格，维护自己在竞聘中应该被平等考虑的权利，这一切对我来说都是一种全新的体验。

与此同时，这里还发生了另一件事。瑞克（Rick）作为我们的集团领导之一，将我们的一个年轻同事，具体来说是一个尚未成为合伙人的新同事，委派到一家小型外围医院担任小领导。作为一个有资历的正式合伙人，我表达的也想当领导的意愿被公然忽视，这让我很失望。

我直接与瑞克讨论这个安排。我把他的行为称为"微不足道的肯定"，把我们的男同事派遣到小的领导岗位上，是为了锻炼他未来的领导力。我告诉他我的观点和我感受到的排挤，我坦诚地表示，这种感觉就像遭遇了性别偏见。

这对我来说也是一次全新的体验，我竟然当场设法去解决不公平的事情！我不知道瑞克对我的举动会做出什么反应，但他当时真的愣住了，显然他没有意识到自己的行为所带来的影响。

这件事情让我豁然开朗，原来还存在这种可能性：你的勇敢可以改变一部分人的性别偏见行为。仅仅给他们指出有问题的行为，他们就可以做出有意识的决定，让自己的言行变得更加公平。虽然这事看似很好理解，但我想知道我们有多少次面对类似的情况时却没有尝试这样去做呢？我曾自己内化了许多性别偏见所带来的挫折感，或者只是向其他女同事吐槽发泄，尽管她们也对这些公然反复出现的双重标准感到沮丧。可是，我们都一致地认为我们集团的男同事是不可能接受他人的教导的。

从那以后，领导职位的分配有了极大的改善，瑞克开始给我分配更多的工作。我非常认真地履行了我的职责，同时继续接受来自我的职场教练的专业指导，我更加了解自己的缺点，这些缺点可能会阻碍我的发展，也可能会让我成为一名工作效率低下的领导。

我所在的医生集团的行政领导层是一个被称为执行委员会（EC）的三人小组。我们终于实现了选举制，这样就不会再有通过自荐而上位的横行霸道的人，这确实曾是一些领导的行为方式，就像恶霸一样。大家一度对我们的领导层缺乏凝聚力和动力的局面感到越来越沮丧，消极的企业文化正在侵害我们蓬勃发展的能力。因此，我们的领导层选举改革成了改变这种局面的关键。

随着执行委员会的职位竞选如期而至，我变得非常积极。想知道是什么事情让我变得这样积极的吗？不要以为我是为了此次的竞选，绝对不是。虽然我在小小的领导岗位上努力工作，但我对参加竞选委员会的兴趣为零，当然，我当选的概率也为零，完全没有可能。我的动机是要找到最好的候选人，我希望能找到一位做事公平公正的合作伙伴，他能真正听取其他股东的意见，建立积极的企业文化，用积极进取的态度扩展大家的视野。

目前，唯一获得候选提名的斯坦，其实是最不适合这个岗位的合伙人。我知道我们的领导应该具备什么样的特质，而可悲的是，我也清楚地知道，斯坦并不具备这些特质。我几乎是在恳求我信任的几个同事来竞选这个职位，但是随着竞聘时间的临近，仍然没有人愿意参与。

于是其他合伙人开始邀请我去参与竞聘。瑞克说，在最近的这段时间里，我已经证明了自己在其他领导岗位上的工作能力和奉献精神，他希望我能够竞聘执行委员会的岗位。当然，我为此感到很荣幸，但说实话，也很惊讶。我仍然不想竞聘这个特定的岗位，我觉得太没有安全感了，也不够资格，还缺乏相关的工作经验，或许我只是简单地觉得自己不配竞聘这个岗位。

如果不是斯坦来竞聘这个职位，我是不会参与候选提名的。但是，我对斯坦要当领导的恐惧超过了我参与竞聘的恐惧。他是个好人，也是一名优秀的医生，但为人却傲慢自大，对自己的偏见视而不见。所以我接受了竞聘的提名。

结果是我竞聘成功了！

今年是我在我们集团公司担任执行领导的第三个年头，其间集团发生了太多的变化，我甚至都不记得我们集团以前是什么样子了。我们的企业文化得到了重要的改进提升。我们尽力让我们的团队成员参与进来，并赋予他们权力，而不是像过去那样常常把他们边缘化。我们的会议越来越民主和富有成效。我们的集团公司终于可以只专注于我们的战略愿景而不再关注内部的纷争。

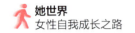
回顾过去，我意识到为了改善自己的职场处境、转变自我认知的方法以及改变自己周围的负面驱动力，我花了一段时间采取了以下这些措施：

1. 发现隐藏在潜意识里的那些让我们无法发声表态的不公平行为。

2. 相信关系的驱动力可以改变。

3. 寻求行业顾问或职场教练的帮助，寻求值得信赖的朋友和家人的来自行业外的观点。

4. 学会让自己变得强大，不再继续接受他人对自己软弱无能的描述。

5. 利用我被赋予的领导力和沟通转变技能，在专业公司中带来积极的文化改变。

正如我在 TEDx 演讲《勇敢起来》中所做的分享那样，有很多重要原因造成了女性往往不敢站出来对错误或不公平的事情说"不"。显而易见，许多社会层面、文化层面和其他的力量都对女性造成了影响，使她们不愿意和不敢对这些现象说"不"，也不敢大胆表达自己的观点。而且，在个人和职场生活中，也确实有很多女性因勇敢发声而吃尽苦头。我的男同事们因做事果断自信而受到表扬和提拔，而做事果断自信的我却吃

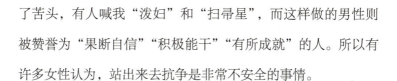

了苦头，有人喊我"泼妇"和"扫帚星"，而这样做的男性则被赞誉为"果断自信""积极能干""有所成就"的人。所以有许多女性认为，站出来去抗争是非常不安全的事情。

坦率地说，我不是要在这里指责受害者，我只是在说我认为是事实的事情——在许多情况下，当我们被边缘化或受到职场暴力时，我们可以采取几个重要的措施，帮助我们从自己的软弱无能中走出来，变得更有力量，变得不再允许职场暴力轻而易举地出现在我们的生活里。

当我遭受职场性骚扰和职场暴力时，我在很长一段时间里都不愿意承认遭遇了这样的事情，所以也没有采取任何措施来帮助自己变得强大、获得信心和赋予自己权威性。然而，最终我意识到，我并不想通过这种方式"生存"下去。我想要的是让自己一直成长，变得更坚强、更强大。我想成为一个能够通过自己的行动和能量去传达信息的人，所以"不要惹我或试图对我实施暴力行为。我对此不会容忍，我不是你们想找的那个受害者"。

这就是我现在处理工作关系的态度。这并不意味着我不仁慈、不温柔、不和善、没有同情心、没有爱心，也不意味着我是一个追求物质的人。事实上，我变得更自信强大，在生活中能够赋予自己更多的自主权，这让我有了更多的同理心，学会

169

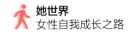

了注重自己的精神生活。同时这也意味着，我内心已经做出了承诺，不允许自己被那些想利用我或操控我的人踩在脚下，不允许自己因此受到伤害。

我发现，当我们能够在生活中接受"不要惹我"的内在立场，当我们在与他人相处中表现得自信强大且不允许职场暴力发生的时候，奇迹就会出现。我们会看到恃强凌弱者的转化和改变，或者离开我们的生活圈。同时，我们人际关系的驱动力会得到修复和改善。当我们里里外外都变成了一个不会默默忍受职场暴力的人时，我们就学会了治愈自身的创伤，摆脱因职场暴力（或容易遭受这类事件）而引发的不安全感和价值感。

当我指导过的女性能勇敢地开口说出"我不再是从前的我！那些试图压制、操纵或削弱我的事情都不再奏效"时，她们就会吸引更多有权力和给予她们帮助的伙伴和同事，她们可以大声表达自己的观点，把让她们感到不安全的人驱逐出自己的生活圈，设立更加强大的个人边界。这样就能够应对职场暴力，摆脱那些具有破坏性的关系，最终摆脱恐惧而站起来。

总而言之：勇敢会带来勇敢，信心会带来信心，支持会带来支持。

我真的没有选择……

多年来，很多女性会对我上面分享的思路进行反驳，她们会这样说：

- "但我没有选择——我必须在这里工作，应对这一切。我需要钱。"

- "对我实施职场暴力的人是我的老板，我对此无能为力。"

- "问题出在人力资源部门和领导身上——他们不会解雇任何一个对他人不友善的人。"

- "我在经济、保险和其他方面没有任何选择，所以我必须留在这里。"

我明白，有些人会因为各种具体原因确实没有选择。但对许多女性来说，她们可以有更多的选择。她们本可以有很多不同的选择，但却因为不够强大、没自信、没资格或无法获得足够多的支持而无法获得这些选择。同时也有许多人因为没有获得他人的有力支持和帮助，反而使她们踏上了一条更加有自主权的道路。

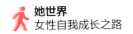
职场性骚扰

性骚扰是一种性别歧视，违反了美国国会 1964 年通过的《民权法案》第七章的内容。一般来说，性骚扰是指不受欢迎的性挑逗、性要求、语言骚扰或有性暗示的身体接触。统计数据不会说谎：美国晨间咨询公司（Morning Consult）进行了一项调查，有 45% 的女性受访者说她们曾经历过自己不愿意的身体骚扰或具有性暗示的身体触碰。此外，超过一半的女性受访者说她们曾被迫成为黄色笑话的听众（60%），当有人对另一名女性进行性评论时，她们也在场（59%），还会被喝倒彩（56%）。另一项调查显示，年龄在 18 岁至 24 岁之间的女性中，有三分之一的人在人生中的某个年龄阶段曾经历过职场性骚扰。

为了进一步了解女性应该如何勇敢地站起来，共同反对这种让人无法接受的行为，我与汤姆·斯皮格尔（Tom Spiggle）取得了联系，他是《怀孕等于失业！保护职场父母和其他护理工作者》（*You're Pregnant? You're Fired: Protecting Mothers, Fathers, and Other Caregivers in the Workplace*）一书的作者。汤姆是斯皮格尔律师事务所（the Spiggle Law Firm）的创始人，该事务所在美国的弗吉尼亚州阿灵顿、田纳西州的纳什维尔和华盛顿特区都设有办事处。他只关注职场法律案件，帮助那些面临职场骚扰和遭遇职场非法解雇的客户维护自己的权利。

汤姆分享的有力措施如下：

这里有两个原因共同导致了受害人不敢向相关部门举报或大声反对职场性骚扰或职场暴力行为：原因之一，打击性骚扰行为存在实际的困难；原因之二，被害人错误地认为面对这样的事情只能选择忍气吞声或全力反击。

至于第一个原因，女性在与性骚扰做斗争时面临着非常现实的困难。不需要在网络上多做调查就能看到许多女性分享的关于人力资源部门无所作为的故事——甚至她们还会分享更糟糕的故事：女性因举报性骚扰行为而受到上层管理部门的报复。

第二个原因，许多女性在寻求律师帮忙时会认为，那些公开的诉讼其实是有钱的被告对原告女性进行的人身攻击——例如，"那是她自找的""她只是因为自己是一名糟糕的员工而感到难过"。

遭受职场性骚扰或因反抗职场性骚扰而被解雇的女性，可以咨询专门从事此类案件诉讼的律师，他们会为雇员（而不是雇主）争取权利。

最重要的是，你不需要为一场长达一年的法庭诉讼进行自我辩护。一位优秀的律师会给予你培训和指导，在很大程度上会让你重新掌控局面。

当然，职场里还存在许多其他形式的暴力虐待行为。当这种行为发生时，我们往往需要获得他人的支持，帮助我们认识到发生了什么事情，探讨哪些方面需要做出改变，从而采取安全妥当的行动。

如果遭遇下述情况，那么你需要采取积极主动、发挥自主权的行动：

- 我受到了骚扰，被强迫做了一些感觉不对劲的事情。

- 因为我是（女性、非裔美国人、中年人、残疾人、孕妇、正在休假的人等）而被忽视或遭遇不公平待遇。

- 我被人陷害和恶意中伤。

- 上司向我做了口头承诺，却言而无信。

- 我的工作遭到他人的蓄意破坏。

- 单位无缘无故地扣我的工资。

- 我因为没能完成一些事情而受到惩罚或指责。

- 我被迫在一个自己不喜欢的岗位上工作。

- 我被人排挤，不能参加对我工作取得成功有所帮助的会议，不能获取其他有用的信息和人脉资源。

- 我得到的工作评价一直很好，但我却没有因此而获得单位承诺我的提拔和加薪。

- 我被要求为工作／公司做不道德／不合法的事情。

- 为了完成手里的工作，我被迫不分昼夜地加班，而我在这方面做出的努力没有得到重视。

- 自从同事／老板等发现我怀孕后，我就受到了排挤。

- 自从我对我的（同事／老板等）进行投诉后，就遭遇了自己感觉不对劲的事情。

如果有上述情况发生，你就需要采取积极主动的措施。但首先，请深入了解自己以及自己能接受和不能接受的事情，更清楚地理解你在生活和工作中的价值以及你的局限性。在采取有力的行动之前，你必须能感知事情是否正常。现在你需要学会仔细评估自己的感觉，感知是否存在违法的事情，并且分析和记录事情发生的原因。

现在，让我们来探讨一下，我们如何才能够获得更多的能力和帮助来解决各种形式的职场暴力虐待问题。

实现你的能力转变

怎样实现在能力转变的同时还能改变你的处境，让你远离有辱人格和给你造成伤害的事情和人际关系？

下面的步骤，将帮助你学习新的感知能力，帮助你在生活中向别人树立"我不是你惹得起的人"的态度和勇气，

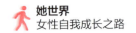
还能改变让你感到受人压制和被人贬低的状况。

寻求帮助，认识到你自己是一个非常有价值的人，能做出很大的贡献，因此你在工作时不应该遭受职场暴力虐待或歧视。正如黛安的故事所带来的启示那样，与十分尊重你的朋友、家人和值得信赖的同事交谈，这对你是有帮助的，邀请他们回答下面的问题：

- 你有什么值得他们重视和尊重的品质？

- 你身上有什么激励人心的特质？

- 他们认为你身上有哪些能力是你自己没有发现的？

- 他们已经发现了你勇敢的一面，他们是如何知道你是一个坚强的人的？

- 他们认为你具备什么潜力？你如何用更有活力的方式来进一步地发挥你的潜力？

- 他们认为你在哪些方面可能存在贬低或低估了自己的情况？

从四个不同的角度来看待这种情况，获得全新的自我赋权视角（图5-1）。在我的《崩溃即突破》（*Breakdown, Breakthrough*）一书中，我探讨了职业女性面临的12种"隐性"危机，讨论了我们该如何克服这些危机。其中第八章的重点是打破职场暴力虐待行为的恶性循环,我探讨了安妮(Anne)是如何变得有影响力的故事,她分享了自己遭受职场暴力虐待的事情以及她从崩溃边缘到突破时刻的经历,从而踏上了自我赋权的道路。她分享了她如何建立了强大的个人边界,不再试图通过取悦他人来满足自己的需要和得到他人的帮助,最终打破了职场暴力虐待的恶性循环。

我还要提供一个关于赋权的准则,我发现这个准则对我的生活和被指导女性的工作都帮助很大。在赋权的四个层面上,认识到我们自己是如何在这个世界上工作的,这让人大开眼界,深受启发:

- 与自己的关系。
- 与他人的关系。
- 与世界的关系。
- 与更高层次的自我的关系。

我的研究表明,虽然我们可能在其中一个或多个层面上享有赋权,但同时我们也可能在其他层面上感受到这种赋权、安全感和信心的缺失。下面我们来看看赋权层次和它的含义。

你可以在本周花点时间来思考这些不同的层次,确定你在哪些方面可能感到不那么强大、自信、自爱。然后问

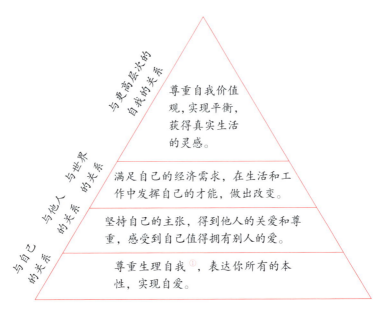

与更高层次的
自我的关系

尊重自我价值观，实现平衡，获得真实生活的灵感。

与他人 与世界
的关系

满足自己的经济需求，在生活和工作中发挥自己的才能，做出改变。

与自己
的关系

坚持自己的主张，得到他人的关爱和尊重，感受到自己值得拥有别人的爱。

尊重生理自我①，表达你所有的本性，实现自爱。

图 5-1　赋权需求层次

问自己是否曾在生活中有过这样的感受，也许是多次有过这样的感受？如果是这样，这种丧失赋权的感觉是否更多是来自：

- 我对自己的看法和感受是什么？

- 我如何看待他人以及他人是如何看待我的?

---

① 生理自我（physical self）：是社会心理学中的一个术语，属于自我意识的内容。生理自我是自我意识最原始的形态，是个体对自己身躯的认识，包括占有感、支配感和爱护感。这些认识能使个体体会到自己的存在是寄托在自己的身躯上的。——译者注

● 作为一个有效率的行为主体，在这个世界上做我想做的事，表现得有多好（或不好）？

● 我是如何与比我自己更强大的事物取得联系的？

一旦你确定了你认为可能需要改进的地方，就去找你信任和尊重的人谈谈（可以是顾问、朋友、职场教练或心理治疗师），探讨是什么原因导致你在这方面丧失赋权，探索你可以通过什么样的改变来解决这个问题。

想想你可能在哪些方面保护了伤害你的人，或者纵容了你生活中遇到的职场暴力行为。正如特里·雷尔所解释的那样，今天的许多女性已经习惯去相信和保护那些伤害她们的人。为了改变这种驱动力，我们每个人都必须在自己的生活中更多地意识到并解决正在发生的事情，并从这种驱动力中转变出来。

考虑一下这个措施：

了解产生和维持受损关系的六大关系障碍，并解决这些障碍

这个训练会让你变得强大，帮助你剖析那些负面的和对你产生伤害的事物，确定你想改变哪些别人对待你的具

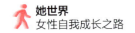

体行为。同样重要的是，它会分析你的反应方式是否会让你们都陷入一种伤害性的驱动力当中。

根据婚姻心理治疗师亚梅尔·科科利-格莱西斯（Yamel Corcoll-Iglesias）的研究和工作经历，六种常见的具有破坏性的关系障碍常常使得我们陷入不满意、不积极或不能获利的关系之中。

1.反应与回应的对比。年轻时（在必要情况下）采用的解决问题的方式如今已经不再奏效。这种方法是自发性（即下意识的）、没有经过筛选突然出现的，往往引起被动或主动的防御。

2.薄弱或缺乏自我意识与充满好奇心的对比。无视你的信念、想法、感觉和行为产生的根源，拒绝了解这些盲点的机会，拒绝关注它们给你和其他人造成的影响。

3.适应性与真实性的对比。这是"同伴压力[①]"——你的精力全部放到了行为上，假装是另外一个人，常常不理会清晰的判断，背叛忠诚，导致你不能真实和真诚地对待自己或他人。

---

① 同伴压力：指因为渴望被同伴接纳认可或避免被排挤，从而选择按照同伴规定的规则去思考或行动所产生的一种心理压力。——译者注

4. 抱怨与请求的对比。抱怨你没有得到想要的东西，而不是明确地表示你喜欢和需要的东西以及它的重要性和必要性。

5. 回避与面对的对比。不允许产生自己不能参与的（或不自在的）对话。使别人无法与你交谈，或在你和他人之间创造一个不可能的空间进行谈话。

6. 牺牲诚信与推导真理的对比。拒绝对你所做的选择负责，或不愿意谦卑地承认你的选择带来的影响。这包括回避事实、捏造情况、找到证明它们合理性的方法、不管（具有破坏性的）后果如何。

亚梅尔（Yamel）的分享：

简而言之，我们需要极其真诚地认识到自己在个人层面和工作层面带来了什么价值，哪些可以帮助我们从有障碍的关系过渡到健康的关系。同时，要认识到因此而招惹和必须容忍的事情。当需要大胆改变我们的人际关系时，这有助于我们进入赋权的成人自我状态，鼓起勇气开诚布公地看待我们在人际关系中所做出的回应和反馈。寻求诚实、公开的反馈可以帮助我们更清楚地认识到自己的行为模式。

选择大约五个在工作中让你产生信任感和安全感的人，然后

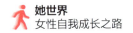
问问他们：

1. 你能坦率地分享一下当我们不同意你的想法时，你有什么感受和情绪吗？

2. 你觉得我身上有什么特质可能让人觉得很有挑战性，或者可能阻碍我在职场关系中取得更多的成功？

3. 当你和我一起工作了一段时间以后，你会用什么词语来描述你的情绪？

请注意出现的所有重要模式和共同主题。对于所有那些让你受到伤害或遭受暴力的人际关系，思考可能涉及哪种有障碍的关系，然后今天就采取针对性的措施来解决它（想了解更多关于解决这些有障碍关系的方法，请查看亚梅尔的研究成果和我们《寻找勇气》节目的采访）。

要明白，即使是最能干的人也不会独自解决所有问题

能干、适应力强的人希望更多地掌控自己的生活，他们不会隐藏自己的脆弱。相反，他们寻求他人的帮助来解决他们所面临的恐惧和挑战。他们从有安全感和值得信赖的人那里获得帮助，同时也能够支持和帮助他人。

接触并联络新的职场指导师和职场贵人，他们也许可以帮你脱离受人唾弃或遭遇暴力的处境。

这里有三种途径可以帮你做到这一点：

1. 利用你现在的人脉圈。想想你目前圈层里五个值得钦佩的人，以及他们身上所展示出的积极力量、自信和自尊。这周请联系他们以获取帮助和建议。

2. 成为赋权的学习者，找到能给你启发性学习的国内外的老师。全身心投入赋权的学习，在今年花点时间找到那些编写和进行赋权课程培训的培训师、老师和专家（可以从你的当地社区里和国内外的网站上去寻找）。学习能让你产生共鸣的新策略，有效解决正在发生的事情。参加他们的课程、静修活动或研讨会，观看他们的教学视频或 TEDx 演讲，阅读他们写的书，参与他们的研修项目。勇敢一点，直接联系他们，寻求更多的资源、秘诀和建议。

3. 建立一个由新的优秀职场指导师和职场贵人所组成的更强大的人脉圈。按照"权力差距 4"中所提供的措施，与那些能使你充满活力、展示积极力量和发挥影响力的陌生人建立联系，通过与他们的联络和了解他们的见解，你将得到提升。

如果方法不奏效，就不要继续使用同样的方法了

心理治疗师和注册临床社会工作者艾米·莫林（Amy

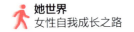

Morin）接受了谢丽尔·斯纳普·康纳（Cheryl Snapp Conner）的专访，该访谈的内容发表在《福布斯》网站上并迅速走红。艾米后来在其畅销书《告别玻璃心的13件事》（*13 Things Mentally Strong People Don't Do*）中拓展了她对这个话题的报道。艾米的见解极具感染力，这些见解可以帮助我们仔细研究哪些方面的行为可能会破坏我们自己的信心、勇气和适应能力。

在她自己列出的清单里，她分享了内心强大的人不会参与的行为：

● 一而再，再而三地犯同样的错误。"我们都知道精神错乱的定义，对吧？当我们希望得到不同以往的、更好的结果时，我们会一次又一次地采取同样的行动。一个内心强大的人愿意为过去的行为承担全部责任，愿意从错误中总结经验。研究表明，用准确和富有成效的方式进行自我反思是那些取得巨大成功的高管人员和企业家所具备的一个最大的优势。"

在我们《寻找勇气》节目的采访中，艾米解释说，当我们看到自己一次又一次地使用没有成效的方式做事并深陷失权时，起初能采取的最佳措施是：

● **承认重复性行为或重复性错误。**花时间思考一下，在特定的情况下，到底是哪里出了问题使得你没有得到自己所期望的待遇。这并不是说要过分苛责你自己（而且充满负能量的自责是没有效果的）。但这说明确实需要剖析这些事实，想想是什么原因让你长时间处于遭受职场暴力的情况之中。或者是什么原因让你在同意去另一个岗位工作后，你感觉到或听说这个新岗位在那个部门里并不受尊重？想想是什么情绪影响了你的判断力？想想是什么因素影响了你的选择？不要为此找借口，但一定要找出事情的原因。确定你可以如何改变你的调查和探索潜在机会或关系的方式，同时选择一种更有权力的方式。

● **制订一个计划。**完成一份精心撰写的计划。确定你要做什么事情作为代替。有时，这意味着用一种行为取代另一种行为。例如，下次那些负能量的同事在会议上打断你时，你可以决定不再发呆，而是要解决这个问题，像这样说："不好意思，弗兰克（Frank），我还没说完。我很想完成我在此刻的数据分享。"找到一种方法，让你对自己的行为、其他不能容忍的行为以及评估自己的进步这些

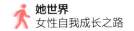
事上肩负起更多的责任感。无论这是否意味着要天天写日记，或每个月寻求职场指导师的指导，帮助自己大胆发声，或每周收听播客或类似的节目来学习有效沟通的技能，或主动解决让你在工作中感到"不如别人"的事情，比如你最近在工作中犯的错误。每个月都接触新事物，这将帮助你审视自己今天所处的位置，同时也能帮助你认识到自己每天取得的巨大进步。

● **保持自律**。只需要几秒的疏忽就可以犯下许多的错误，这会让你表现出不利于自己的行为。所以，最重要的事情是保持警惕，保持自律，以最好的自己为荣。轻松养成好习惯，让自己走向成功。当你情绪不佳的时候，和正能量的人待在一起，融入各种能拓展自己和建立信心的事情中去，这是不同以往的、可以让你充满活力的、可以改善你态度和精力的事情。同理，要让错误的选择很难出现。在与另一个可能不适合你的工作伙伴开展合作之前，就相关情况寻找并咨询负责任的朋友或商业教练。当你觉得自己情绪不佳时，停下来，选择做一件事情，这件事情能改善你的心情，加强你与那些欣赏你的人之间的联络，比如说和一个好朋友共进晚餐。

"有意识地让自己精力充沛"

我在我的播客节目《寻找勇气》中采访了安妮斯·卡瓦诺（Anese Cavanaugh），她是可以激励他人的领导力顾问、演讲人和《成为有感染力的你：释放你的权力去影响、领导和创造你想要的影响力》（*Contagious You: Unlock Your Power to Influence, Lead, and Create the Impact You Want*）一书的作者，也是 IEPMethod® 公司的创始人。她在《有意识地让自己精力充沛》（*Intentional Energetic Presence*）一书中讨论了如何通过改变我们的精力去影响我们周围的世界以及我们自己的生活方式，这些观点吸引了我的注意。

安妮斯分享的内容如下：

当面对职场暴力或遭遇了那些与我们的核心价值观、需求和愿望不符的行为时，采取这些措施是有帮助的：

1. 自我察觉。让自己安静下来，注意收紧你的身体，察觉所有你能感受到的防御感或你身体内部产生的其他反应。感觉哪个方面不太良好或与良好的方面存在相互抵触的情况。这一步只需要完成自我察觉的行为。

2. 深吸一口气，激发你的好奇心。深呼吸，给足自己空间

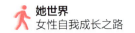

去看看实际存在的问题，通过提问的方式让自己的思路变得更清楚。你可以问问自己："我现在感觉怎么样？我意识到自己的真实情绪是什么？"让你感受到的所有经历和情绪完全是真实的，包括伤害、沮丧、愤怒和受到的忽视等。让自己全身心地去感受，全身心地投入其中。

然后问问自己：

- 我现在的直觉告诉了我什么事情？

- 关于对与错，我了解几分？真相又是什么？

- 我自己的预测会在哪里发生？我可能会根据以往的经验或曾受到的伤害从而导致我赋予了某事物不精准的意义吗？我可以告诉自己哪些与事实不符的"故事"呢？

在我们进入下一步行动之前，要明白意识是关键。同时给我们自己制定一个带有空间和宽限期的目标，充分利用我现有的意识，分清事情的轻重缓急。

3. 激发更多的好奇心和洞察力。有没有发生什么特定的事情或者有人说需要你去做的事情？例如，给他们反馈，让当事人知道这件事情行不通，提出不一样的要求，请求另一种沟通或处理方式，或者就简单地说一句让人难受的话，"不，这对我来说行不通"。

4. 明确并有意地表明你的意图。要清楚，我们可以培养能让我们在任何情况下都表现出"有意让自己精力充沛"的状态和强烈的认知能力。这种具有感染力的表象为我们周围的每个人都定下了精力充沛的基调。

此时此刻，花点时间问问自己："我的意图是什么？"是博取同情、保持思路清晰、保持耐心、获得尊重、保持透明度、获得理解、获得权威、拥有勇气和权力吗？或者说是别的什么东西？在你采取行动或说话之前，在任何情况下，深呼吸一下，坦然面对，确定一个明确的意图。

接着问："我如何让自己的意图变得更明确、更强烈？怎样才能设定更强大的个人边界，创造更清晰的沟通能力和意图，从而让所有人都能够对下一个步骤清晰明了？"

5. 做好准备，有效沟通。如果到了该解决这种状况的时候，根据情况的不同，可以像这样建立一个有效的沟通桥梁：

"你知道，表达那句话（或进行谈话或行动）的方式让我感觉不对劲。相反，我想要的是……"

或者，如果有必要做出更有力的回应，可以考虑这样说："你知道，这对我来说是一种非常不舒服（或偏离方向或不能振奋人心）的方式。我不会对这种沟通或处理的方式产生共鸣，所以让我们这样做吧……"

或者，如果需要一个更严厉的回应："你知道吗，这对我不起作

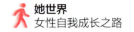

用。请不要再那样做了。这才是我需要的（或正确的）东西……"

6. 用你设定的意图明确地应对这些后果。当你明确地站出来反对职场暴力行为时，有人会做出积极回应，有人会极力反击。无论我们周遭的情况如何，培养真正的生活缔造者，以积极的方式掌控我们自己的生活、人际关系和未来的发展方向，这也包括有意识地培养让自己精力充沛的能力。同时，它还包括扩展我们的意识、缔造者身份、支持度和积极行动——这就是神奇的"四分体"。这个过程将提升你的自我认识和自我效能感，同时让你更清楚地了解你想要的进程。

你最了解你自己。你是最聪明的知情者，知道自己的需求，知道自己的感受，知道自己的喜好。所以，沉浸其中，好好感受自己。你要一直保持精力充沛，你的精力具有"传染性"，所以内心的变化会连接外在行为，还会产生相应的影响。

在这一天结束前的每一分每一秒，最重要的事情是尊重我们自己的感受，谱写我们人生的下一个篇章，拥有更高层次的权威与权力——所有这些都是自尊和自爱的最终行动目标。这也是一种关爱和尊重我们自己和他人的行为，因为我们可以用慈悲、勇气和积极明确的意图来推动我们所有人在正确的人际关系里前行。

学会对内探索自我

以下问题可以帮助你发现是否正在面临职场暴力行为，以及可以从哪里获得帮助来解决它。

1. 工作时是否有一个人让我做了一些令我不舒服的事情？如果是的话，我现在可以得到他人什么样的帮助使自己能够做出选择去解决它？

2. 我的家庭情况如何？它安全吗？我在自己的家庭生活中得到支持、尊重和善待了吗？

3. 在我的童年时代，我被灌输了什么信息，让我认为我不值得被关爱、被尊重和被关心？我是否曾经遭受到暴力、虐待或任何形式的职场暴力？

4. 在我还是个孩子或年轻人的时候，我的个人边界在什么方面被破坏了，以至于我变成了一个需要建立更强大的个人边界的、需要去说"不"和"住手"的人？

5. 我是否目睹了工作场所对他人的不公平虐待却毫无作为？现在该表明立场了吗？

6. 作为一名领导者和管理者，我是否尽我所能地保持我和其他人工作环境的安全性？

7. 我需要对我今天生活中的什么事情说"住手！"，同时我该怎么做呢？

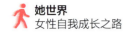
8. 我在哪里可以获得他人的支持和指导，帮助自己永远摆脱这种被虐待的处境？

9. 到底是什么事情让我陷入了一个允许自己遭受虐待的境地？如果我相信自己有可能公开反对它，那么我接下来该做什么呢？

学会对外采取行动

采取"勇敢挑战"的措施会帮助你获得新的成长和发展机会：

1. 如果你曾遭遇过职场暴力事件，那就不要再等待。请于本周联系一位能给你安全感、态度中立且值得信任的第三方人员（可能是代表员工的法律专家或你的职场指导师、职场贵人），分享你的情况并获得他们的建议。

2. 如果你目睹了发生在他人身上的职场暴力行为，请去人力资源部门进行投诉（但确保你在单位的投诉是一种安全行为）。

3. 如果你在婚姻或家庭中遭受暴力虐待，寻求你所在社区的婚姻和家庭心理治疗师或社会服务组织的帮助，他们可以帮助你解决这个问题。

4. 学会用证据、数据和事实来建立关于你正在经历的职场暴力和虐待行为的案例。

正如特里的建议：

● 勇敢点，鼓起勇气，走出你的舒适区。去尝试新事物。对权力说真话。深刻地认识到男女双方对脆弱性的蔑视。警惕这个行为准则会让我们避开自己的脆弱，因为正是脆弱而不是坚不可摧的状态才将我们人类联系在一起。

● 寻找盟友。不要试图独自去做事。让这成为一场集体运动并获得支持。

● 坚持完整性。小伙子们，保持你们的联系，姑娘们，保持你们的勇敢坚强。坚持彼此之间的关系完整。坚持自己内心的完整性。即使你成了一个男人，也有哭泣的权利。即使你成了一个女人，也仍然可以大胆表达自己。我们可以不受父权制条条框框的限制，它不能决定我们的生活。

积极重塑自我

是的，我们生活在一个有着严格的性别观念和性别角色的社会，这对男性和女性都造成了严重的影响。但是，生活和文化并不是一成不变的，事情变化会越来越快。我们作为进化了的女人和男人有能力改变我们自己、我们的文化和社会。还有一些了不起的、给予女性帮助的男性准备推进和参与争取性别平等的运动。刚刚通过的新法律和正在实施的新工作行为准则也让越来越多的人明白，果断、坚强的女性不应该因为她们的勇敢而受到憎恨和冷漠对待。我们的社会开始明白，那些有勇气表现出脆弱、情绪化和同理心的男性也不应该受到唾弃。我们现在正处于一个塑造自我的新世界，你也可以成为这个整体中强大而具有影响力的一部分。

76% 的人说
"确实存在" 或者 "可
能存在"
这种权力差距

受访者中 25% 的人表
示
这个权力差距让她们产
生了强烈的共鸣

权力差距6：

忽视人生中让你充满激情的梦想

存在这类权力差距的人常常会这样说："我不知道我的职业目标是什么，也不知道为了取得成功应该如何应对挑战。我并不打算拥有一份了不起的职业。"

* * *

在事情未完成之前，一切都看似不可能。

——纳尔逊·曼德拉（Nelson Mandela）[①]

---

① 纳尔逊·曼德拉（Nelson Mandela）（1918—2013），1994年至1999年间任南非总统，是该国的首位黑人总统，被尊称为"南非国父"。——译者注

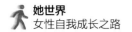

在我陷入工作困境经历了最黯淡无光的那段日子里，坦白地说，最令我感到痛苦的事情是，我竟然没有意识到为了追求一个让自己充满激情和令人满意的职业，我已经放弃了我所有的梦想。我经常问自己："这就是我生活的全部吗？这就是我度过余生所要做的事情吗？这不可能是我的全部生活！"可奇怪的是，尽管这种努力是徒劳的，我还是会不断地去尝试"融入"这些存在很多问题的企业文化中去。

现在，我经常会联络那些怀揣梦想的人，他们就像二十年前的我一样，他们会问自己："我远大的梦想去哪里了？我知道我曾经有一个梦想，它涉及我自己的生活和工作。但它是怎么悄无声息地消失了呢？"

和很多其他女性一样，肯德拉（Kendra）不仅放弃了让她充满激情的梦想，更令人心碎的是，她甚至认为自己是一个不配拥有梦想的人。

2018 年我认识了肯德拉，当时她来参加我的培训课程。我很早就发现肯德拉表现出了这种权力差距：她忽视了（或完全没有意识到）令她充满激情的梦想是可以让她实现自己的工作奋斗目标的。在经历了人生中的第一次抑郁症之后，她对改变自己的处境感到茫然，她意识到自己需要尽早寻求他人的帮助，于是她立刻报名参加了我的培训课程。

当我见到肯德拉时，她是一位 41 岁的已婚女性。她曾担任一家公司的战略发展副总裁，负责协助市场营销和销售业务的主管完成企业组织管理工作。她的工作职责是策划新方案，帮助企业实现更多的可持续性发展和长期性发展。肯德拉分享道："我工作以来一直都不开心，然而直到 2018 年年底，我经历了自己人生中的第一次抑郁症时，从来没有考虑过辞职的我，在还没有找到新工作之前就有了辞职的念头。我意识到有些东西必须尽早改变。"

肯德拉一直从事市场营销工作，终于熬到了她不想再继续干下去的时候了。她做事缺乏目的性，虽然讨厌自己每天做的事情，却在拼命地工作。然而，最迫切的问题是，"作为一种替代，我还能做点其他什么事情帮我赚到钱，带给我所需要的回报和令我激动的事情？"在培训课程的前几周，因为肯德拉表现出来的顽固不化，她成了我开设培训课程七年以来最难指导的学员之一。她坚决不相信，在改变的过程中采取一些必要的措施，会切实地帮助她取得成功。

肯德拉在当前的工作中十分痛苦，她绝望且想离职，想去追求更振奋人心和更有意义的事情。然而，她完全不接受她可

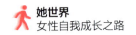
以离开这份令她不愉快工作的想法。她反对每一个建议、每一个希望和每一种可能性，在每一种可能性的方案中找碴，即便这些方案可以帮助她摆脱痛苦的工作，帮助她找到成功的新工作以及赚到钱。我知道她内心有一块巨大的拦路石，阻碍了她改变自己工作和生活的决心。我也知道这是我们必须去努力缩小的特殊差距。我感觉到她强烈的抗拒来自童年所经历的某种影响身心的创伤，以至于她把自己封闭起来，这一点连她自己都没有意识到。当课程进入第九周的学习时，她终于敞开心扉述说出了她的个人经历，于是事情发生了巨大的变化。紧接着，一切都开始改变了。

肯德拉的个人经历自述：

我出生于美国宾夕法尼亚州东北部的一个蓝领家庭，我是由单亲妈妈养大的孩子，我的母亲竭尽所能，至少尽她个人所能，成为一位好母亲。但不幸的是，她在童年遭遇了身心上的虐待，还有酗酒和贫穷的经历像恶魔一般纠缠着她，这种经历一直伴随着她到成年，而她遭受的那些影响也体现在了抚养我的方式中。父亲在24岁时离开了我的母亲，那时我才9个月大，她在很多方面都不具备独自抚养一个孩子的能力。由于没有高中文凭，她只能在工厂、服务行业和零售行业打工，但对她来说，养家糊口最好的方式是依靠住房补贴和政府发给贫民的食物券。当生活的压力难以承受时，她便靠喝金馥力娇酒（Southern Comfort）来缓解压力，她的脾气也变得一发不可收拾。

我的童年确实有一些令人难以置信的美好回忆，但母亲太多的酗酒经历驱使我想要得到比我年轻时所拥有的更多的东西。

以下是一个 7 ~ 9 岁的优秀孩子说的话：

● 在一个被遗忘的生日当天，我的母亲在酒吧里喝醉了，所以我找到了一根蜡烛，把它插在纸杯蛋糕里，为自己唱了一首"生日快乐"歌。在那之后，我接受了我的第一个咒语：如果你不期望得到太多，你就永远不会失望。这里不需要远大的梦想——一开始就不要抱有这样的希望。

● 当我告诉母亲我不好意思用食物券去便利店换取食物时，我挨了她一记耳光。

● 那天晚上因为怕黑，我哭了一整夜，用胶带封住了自己的嘴，并把它和我的手腕绑在了一起。

● 决定性的时刻：当我母亲醉酒开车回家时，她在路上不停地穿梭，我被吓傻了，于是，我告诉她不应该开车。她一下就愤怒了，在车里就开始打我——一只手放在方向盘上，另一只手打我，同时大喊："我是你的妈妈，你是我的孩子！还轮不到你告诉我该怎么开车!"那一刻,我在想:"再过九年,我就能离开这个破地方。"

也就是在那一刻,我明确了我的人生道路。因为那时,我想摆脱糟糕透顶的生活,创造一个与我童年生活完完全全不一样的崭新的未来,这是一个生死攸关的任务。我要去上大学,找一份好工作,住在一个真正像家一样的房子里,再也不用操心食物券的事情。我没有时间幻想远大的梦想,只有大刀阔斧地开始行动。

幸运的是,我的学习还不错,所以我的目标是保持 4.0 的分数平均绩点,这样就可以获得奖学金,也就是通往我理想人生的入场券。我家里没有钱,所以我必须实现这个目标。我参加了课外学术活动,因为这对申请读大学有用。我 15 岁开始工作,所以我可以花自己的钱去参加学校的活动。然后我继续踏上了奋斗之旅:努力工作,因为除了成功,别无选择。显然,我稳稳地成为一个工作狂,一个"完美主义功能过度者",因为上帝不会让我变得太差劲,否则我就有可能活成我讨厌的人的样子。

做出这个决定的九年以后,我被美国雪城大学录取并获得其提供的全额奖学金。读大学选专业不是一件难事,因为当年九岁的我已经明确了自己的人生规划:我要从事广告行业的工作。做出了这个决定是因为从《家庭主夫》(Mr. Mom)到《谁是回力镖的老板》（*Who's the Boss* to *Boomerang*），这些电视和电影都讲述了女强人在广告业赚大钱的故事。我知道自己擅长写作，由于我独立的性格，我可以快速与人建立人际关系，因此我很适合从事这份工作。广告学专业不像我的第一选择心理学，或者第二选择生物学那样，我可以用四年时间边读书边工作赚钱。所以18 岁的我没有经过过多的思考就坚持了我的这份人生规划。这还能出什么问题呢？

我 5 月大学毕业，6 月就已经在离家 1200 英里的地方工作了。我的第一份工作是在一家广告公司，我非常不喜欢那份工作。5 个月后我辞职了，找了一份市场营销的工作。

从那以后，我在我从事的每一份工作里都是一个工作狂：

● 我必须每周工作 40、50、60 个小时或更多的时间，以此来证明我的价值，获得提拔。我的心态是：如果你每周的工作少于 40 个小时，那么你的工作表现只是一般般或被认定为没有完成任务。

● 争取升职，争取大幅度提高工资待遇。

● 工作到筋疲力尽。

● 即使内心不感兴趣，还是要争取得到老板的赞扬。

● 感觉自己像个废物，因为我在忽略了我丈夫的同时，自己也长胖了。除了工作，没有做别的事情，结果我的生活变成了单一维度。

- 判定它一定不是适合我的公司 / 行业 / 产品；找一个我可以"感到骄傲"或"给我使命感"的公司 / 行业 / 产品。

- 换工作。

- 每十八个月到五年重复一次上述步骤。

37 岁时，一个持客观态度的旁观者说："也许你不应该从事市场营销工作。"听到这话，我吃了一惊，但我不接受这个评价，并再次告诉自己，这是公司的问题。当然，这不可能是因为我非常不适合获得巨大的成功以及拥有十五年辛苦积累下来的经验。

然后我第 6 次跳槽。接着第 7 次。而最后这份工作让我彻底崩溃了。

我每周工作时长超过 60 个小时，就这样连续工作了四年，即使度假时我也常常处于随时待命的状态，处理公司首席执行官交办的工作。某次我挂断了一个视频会议电话，然后把自己锁在卧室里哭了起来。我哭泣是因为我太累了，觉得自己被利用了。我哭泣是因为我目前的工资要支付我和丈夫的贷款。我哭泣是因为我没有一技之长从而陷入困境之中。我哭泣是因为害怕报复而从来都没有坚持自己的个人边界。我哭泣是因为我凡事都先考虑他人最后才考虑自己。我哭泣是因为我从来没有像现在一样让一份工作弄得直到现在还处于抑郁的状态。我哭泣是因为我不知道

40 岁的我想要什么，虽然我知道事情并不是这样的。与此同时，我知道我需要得到他人的帮助了。

然后我联系到了凯西，报名参加了她的课程，前八九周的课程对我来说是一段艰难的历程。我仍然深陷在自我怀疑和否定之中，认为梦想都是留给别人的。但同时我也不知道我的梦想到底是什么，因为我从来没有花时间思考过这个问题。我一直专注于伪装自己，让自己成为一个自己并不想成为的人，所以从来没有花时间问问自己能成为什么样的人。更令人沮丧的是，我忽视了与人相处的边界，因为当你不再知道自己是谁或你要代表什么的时候，你是无法明确自己的个人边界的。

我对创造基于目的和梦想的功利性生活感到愤世嫉俗，这使我一直被别人的奇思妙想所束缚。

在凯西对我进行一对一指导后，我终于能够认真地审视真实的自己，并且意识到我才是把自己置于不利生活状态的那个罪魁祸首。我认为以目的和梦想为出发点所创造的功利性生活都是世人自私的表现，这让我被别人的反复无常所束缚。与其他女学员交谈分享我们的类似经历后，我意识到是我自己造成了这样的生活局面：因为担心收入低或因自身的焦虑而连续数周都工作 60 个小时，通过与别人较劲来努力证明我的价值——完美主义功能过度者需要的是勤奋工作，而不是变得越来越精明。我开始意识到这个标准是人为的，我愉快地接受打破这个标准的想法，同时永远地丢弃它。

随后，我意识到需要多多考虑能够做到的事情，放弃自己的消极想法，拥有乐观的心态。这一直以来都是一个挑战，但仅仅是改变这种心态就拓宽了我的思路。它让我敞开心扉，了解自己是谁，改变了我要优先考虑的事情。我不再让生活顺其自然，而是主动去创造生活。

正是这种思维的转变帮助我明白了是什么导致了工作和生活之间的脱节。我下意识地检查了我豪车豪宅里的保险箱，但我骨子里不是一个追求物质生活的人。正是我内心的匮乏驱使我为了经济利益而出色地工作。当我的同事吹嘘他们在高档豪华的丽莎①酒店住宿、吃着150美元的日式午餐时，我内心翻了无数个白眼，我只希望能和我的狗在丛林里徒步露营，吃顿野炊大餐。但事实是，我现在的工作让我对自己的内心和公司的同事以及公司的价值观都产生了矛盾。

我对户外活动的热爱变成了旅行、探险和参观当地酒庄，倾听每个老板讲述行业背后的故事，出于热爱而去冒险尝试未知的

---

① 丽莎（Leesa）成立于2014年，是美国一个奢侈品床垫电商品牌，它打破了传统实体店销售床垫的模式，采取线上展示和直销的方式直接为顾客将床垫运送到家门口。——编者注

新事物。当然，我把这些事情看作是我周一到周五在公司辛苦工作时所期望的周末消遣活动。我会告诉自己："这些事情只是个人爱好，不是工作。"

因为渴望得到额外的动力，我收听了凯西的播客节目《寻找勇气》，她重点介绍了斯科特·安东尼·巴洛（Scott Anthony Barlow）的故事《你的职业遭遇》（*Happen to Your Career*）。我跳过了这集内容，选择了第一集关于克里斯蒂·温兹（Kristy Wenz）的故事。她曾经是一名职业通信专家，现在是一家葡萄酒厂和一家旅游传播公司的老板。她的故事给我敲响了警钟，我也应该想办法利用我二十年积淀下来的技能把我所热爱的事情变成我工作的一部分，让我引以为豪、充满活力。

通过课程学习，我努力扫除了个人障碍，自我怀疑、疑虑和恐惧的阴霾也慢慢消散，脑海中的那些令人振奋的、更远大的想法越来越清晰可见。在新视野的引导下，我将培训课程中所学到的技能付诸实践。我开始：

和我期待的具有职场影响力的人建立联络

● 作为我建立新行业人脉圈的第一步举措，我联系了克里斯蒂，同时了解更多她的个人经历。她的人脉资源相当丰富，让我在职业/行业转变的初始阶段，就时间表和其他收入形式进行了梳理。

● 克里斯蒂让我接触到了业内其他愿意分享她们故事和忠告的女性。

● 我将继续通过领英网和我加入的行业团体来建立人脉圈。

提供有价值的回报

● 我正在无偿给葡萄酒旅行者网站 Winetraveler. com 撰写文章。为了实现工作和行业的转变，我努力对我的个人简历进行精心修改。

学习技能组合，设法解决我的学历差距

● 我正在获取葡萄酒研究方面的证书，同时寻找可以提供分数和大学进修课程的免费或学费低廉的研讨会。

发展个人品牌，展现企业需要的思想领导力

● 我正在制作我自己的露营葡萄酒网络日志和视频日志，推广小型酒庄和推荐当地鲜为人知的宝藏地。

● 激情梦想时刻的意外收获：在寻找真实自我的过程中，我几乎忘记了五年前曾与一些朋友尝试开创旅游网络日志却半途而废的事情。由于我们都忙于日常性的工作，没有把这个事情放在首要位置，所以它并没有得以顺利开启。我真的是把它埋藏在了我的潜意识里，直到现在为了给这个新网站申请域名时我才想起这件事。这让我意识到，尽管我的内心努力想要展示真实的自我，然而多年之后，我仍然在欺骗自己，对自己说我可以接受同样的公司日常事务。

● 激情梦想时刻的超级意外收获：我一直说我真正梦寐以求的工作是主持一档旅游节目。好吧，我不是萨曼莎·布朗（Samantha Brown）①，我也不在旅游频道工作或以此为生。但无论如何，我可以在油管（YouTube）视频网站上主持自己的节目，我终于实现了自己一直以来的能让我充满激情的梦想。

重新思考和调整我与金钱的关系

在我丈夫的帮助下，我们也制订了一个 6～12 个月的计划，准备从我们奢华的大别墅搬到田纳西州的农村，缩减开支的目标是购买一个带田地的小房子。我意识到我最高兴的事情就是出门和动物近距离接触，因此，用豪宅换取青山绿水和牧场环绕的生活，换取在家附近就能开展徒步活动的生活很有意义。

我也开始减少不必要的开支，比如把出国旅游度假换成露营旅行，减少外出就餐，重新调整亚马逊网站收费会员制计划，所有这些改变都是为了积攒宽裕的应急基金。

最重要的是，我下定决心在工作中加强个人边界的设定。我不能再让工作占据我所有的生活，吞噬我追求自己远大梦想的时

---

① 萨曼莎·布朗（Samantha Brown）：美国著名电视节目主持人。——译者注

间。为了不再让自己不顾幸福、健康和福祉，充满压力地继续每周工作 60 多个小时，应急基金的到位让我信心十足地拒绝高强度的工作节奏。

我曾经认为只有弱者和不务正业的人才会痴心妄想，但现在我看到没有梦想才会让人变得弱小。梦想是为勇敢的人和敢于冒险的人准备的，这些人克服恐惧让自己变得强大，他们看到了思考的价值所在，把最重要的事情和有价值的事情放在第一位。我刚学会了拥有梦想，便致力于要取得成功。

肯德拉的个人经历就是人类所有故事的真实写照，因其详尽的叙述而吸引了大家的注意，同时也因其普遍性让人产生了共鸣。是的，肯德拉经历了艰难困苦，遭遇了母亲的无视和虐待。虽然我们许多人没有亲身经历过这些事情，但我们确实经历过给我们带来伤害的事情，这在不知不觉中塑造了我们自己。假如我们的童年和家庭生活与当时经历的不一样，我们将走上一条可能我们永远不会有意识地去主动选择的道路。但我看到所有的这一切——痛苦、不知所措和心痛——都可以用来获取更崇高的利益并用于我们通过有意识的自信举措创造的美好的新生活中。

破碎的梦想可以重获新生，然后再次为工作注入动力，让你成为那个梦想中的自己。

如果我们不是从失败的角度而是从信心、意识和勇气的角度来看待它，那么所有这一切都会给我们带来极大的帮助。

抛弃自己和梦想的四个原因

那么，具体是什么因素导致我们忽视了让我们充满激情的梦想呢？

我们被困于绝望的职业和工作中默不作声，是因为我们觉得除了丢弃我们拼命创造和获得的一切东西之外，没有途径可以去做一些更有意义的工作。我们之所以被困在这里，是因为我们对经济、健康或其他必需品有所需求，这使我们相信履行义务唯一的途径就是留在我们非常不喜欢的职业、工作领域当中，坚持现有企业文化。为了克服这种权力差距，我们需要停止因义务、担忧和恐惧而阻碍我们去发现事情潜在可能性的能力，同时要理解我们不必为了履行义务而放弃我们梦想从事的有回报的和令人振奋的工作。赚大钱和从事让人充满激情的工作这两件事情之间并不是相互排斥的关系。

为什么要放弃追求让我们充满激情的事业和我们对未来的

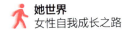

憧憬？

　　许多职场人士都觉得他们已经抛弃了自己和梦想，我听说导致这个现象的发生有四个常见的原因：

　　1. 从一开始，人们就在追求表面的"成功"，也就是通常所指的"赚大钱"——多年来一直朝着这个方向前进，直到后来他们意识到自己走错了路而想要做出改变的时候，才发现为时已晚。许多职场人士告诉我，他们从小到大就坚信，追求赚钱多的职业是让自己保持快乐最可靠的方法，努力致富会让他们的生活获得成功。于是从一开始，许多人就从事了自己非常厌恶的工作，但却安慰自己："至少这份工作可以让我赚许多钱。"这种想法的问题往往在于，当我们步入中年，讨厌我们所做的事情时，我们往往看不到出路，绝望会给我们带来沉重的打击。当然，钱是很重要的东西，我们需要用钱来支付我们的账单、养活自己、教育自己、教育我们的孩子，它也是一种解决我们的金融债务问题的可靠的方式。我们希望用钱买得起能给我们带来快乐、有意义和令人兴奋的东西。但是，多少钱才够呢？对于那些为了金钱而出卖自己灵魂的人来说，他们的工作生活可能是极其痛苦的、支离破碎的和缺乏延续性的，因为他们无意识地选择离开了让人为之兴奋的梦想，而这些梦想会给人带来满足感、精神奖励和使命感。

2. 缺乏识别在学校学习什么东西会让人充满激情的能力，或者没有追求他们实际想要探索的东西，因为他们被告知这样做是愚蠢的。我认识的许多工作不愉快的客户都认为，他们想在本科或研究生课程中学习一些不同的东西，但权威人士（这些人通常被认为是"明智"的象征）建议他们不要这样做（在某些情况下，权威人士甚至禁止他们这样做）。或者他们选择了一门别人告诉他们是安全可靠的课程，尽管他们并不喜欢这门课程。当他们离开学校去工作时，他们不知道自己能做什么事情，而且没有能重新发现一条既符合他们自身情况又可以带来回报和成功的新道路。

3. 在他们的工作轨迹中，老板和同事给他们传递了负面信息，说他们不够聪明、没有能力或没有价值去追求自己想要的方向。举个例子，我指导过的一位客户，她一直以来的梦想是成为一名律师。在她很小的时候，她就告诉父母："长大后我想成为一名律师！"但她父母的回答是："你休想！律师都是不道德的人，他们爱说谎、爱骗人、很会伪装自己。"她从她父母的评价中学到了什么呢？学到了很多，但没有一个是对她的梦想有用处的，也不能提供精准信息或支持。她被灌输了这样的观点：她要是相信自己的观点，那就是一种错误的行为，她不能相信靠自己做决定或相信自己的想法和愿望。她被灌输了做自己想

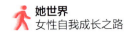

做的事情是对她有害的认识。她被告知有些行业里全是说谎的人和骗子，这也是错误的。在每个领域和职业中，都存在优秀、有道德和正直的人，也有说谎的人和骗子——但没有一个行业里全是好人或者全是坏人。

遗憾的是，她听从了这个建议，放弃了自己的梦想，转而进入了市场营销行业。但到了她三十多岁的时候，她已经变得抑郁和懒散了。她不知道为什么会变成这个样子，但她知道她不能再这样继续下去了。于是在我们的指导过程中，她决定摆脱她听到的关于法律工作的误导信息，并努力准备通过她的法学院入学考试，她最终成功了。令人高兴的是，她现在成了一名律师，并且很喜欢她的工作。

4. 相信这种荒谬的观点：追求自己热爱的事情会让我们身无分文。 最近，我的儿子告诉我，他看见一位知名男性企业大师的评论：如果你想成为一名富有、成功的人士，那么追求你热爱的事情将是你做出的最糟糕的选择。这位大师的观点是"只要做你自己最擅长的事情，经过磨炼，就会迎来成功和财富"。我必须分享一下，从我与上万名职业女性的对话中了解到的这个建议——"永远不要追随你热爱的事情"和"只做你擅长的事情"——与许多女性的观点并不一致。为什么呢？因为当今许多女性在企业文化中苦苦挣扎，不得不牺牲很多对她们来说非常重要的东西，以便在那些与她们的信仰、热情或兴趣不一致的机构里继续拼搏。所以，当我们对自己的工作结果没有任何激情或兴趣，只是为了"做好"我们的工作而扼杀自己时，我们的职业生涯将不会成为一种可以接受的权衡。

不过，我需要说明一些注意事项。一部分我们热爱的事情最好是发展成为爱好而不是职业，因为这样做会让我们更加快乐。重要的是在一开始要以各种方式"尝试"将它辨别一番，看看你所热爱的事情是否可以作为一种谋生的手段去匹配你的生活和目标。

举个例子，我十几岁就成了一名歌手，并取得了一些杰出的成就。我喜欢唱歌，在我的生活中，唱歌给我带来了快乐，但我很早就做了一个决定，我不想把歌唱当成一份谋生的工作来做。这对我来说是个正确的选择。所以，你可以自己来做决定，选择自己热爱的事情对你而言哪种是更好的方式，让它成为一个爱好还是一份职业？

想取得成功和赚大钱就应该果断地放弃自己所热爱的事情，那些奉劝你这样做的人只是不明白，当通往成功的重要路径准备就绪的时候，如果你能明智地应对，这两件事情是可以兼得的。谢天谢地，我们还有这么多了不起的天才创业者、天才企业家以及许多国家高层领导人和捐助人，并没有放弃他们自己

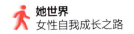

所热爱的事情。

我保证，那些告诉你要放弃自己热爱的事情和劝你从事自己不喜欢的工作的人，在某种程度上是在为他们自己这样做辩护，这种想法已经站不住脚了。我们是可以在工作中同时拥有情感上的回报、做自己热爱的事情并取得经济上的成功的。

是否有人比其他人更容易受到这种权力差距的影响呢？

答案是"是的"。

有过以下经历的人往往更有可能放弃她们年轻时的梦想：

1.权威人物鼓励她们选择了一条并不适合她们的道路。

2.对金钱极度恐惧或匮乏——她们从小到大都很缺钱，觉得如果没有钱，一切都毁了。她们所见的家庭的贫困和赚钱的艰辛，给她们的心灵留下了创伤。

3.价值感的缺乏——她们从小就被灌输的观念是，她们没有足够的价值，无法拥有让她们充满激情的事业和生活。

4.她们的榜样放弃了自己的远大梦想，这使得她们不相信现实中存在一份既能让人保持激情又能让人取得成功的职业。

5.她们被告知，如果不选择"安全"的路线，就会失去一切。

6. 最后，她们没有学会一个道理：在生活中没有什么事情是永恒不变的，工作和职业也在不断地变化，没有什么能永远保持稳固不变——所有客观的事物都一直在变化。只有在培养你自己的技能和才能时，找到让人充满激情的方式将这些技能和才能应用于你真正关心的结果中去，你才会最终体验到自己内心渴望的安全感并过上无忧无虑的生活。

实现你的权力转变

不要"寻找"你热爱的事情——那是错误的行为

有很多人曾经问过我："我如何才能找到我热爱的事情？我也想把我热爱的事情变成我的事业，但我却不知道我热爱什么。"

真实的答案是：你不用"找到"你热爱的事情。门托云网站（MentorCloud.com）的创始人拉维尚卡尔·冈德拉帕利（Ravishankar Gundlapalli）博士是我的朋友，用他的话来说，热爱是一种"内心的火焰"，往往在你没有意识到、无意间的选择或决定中被点燃，但它需要通过必要的内外作用才能得以继续燃烧。邀请知晓你非凡才能的优秀职业指导师和其他人到你身边来，这样能够点燃你内心的火焰，帮助你认识到自身具备的真正优势和找到你所

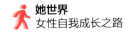

热爱的事情。

有三个基本步骤可以帮助你发现内心热爱的事情（而不是脱离自身向外寻找），学习如何利用它们会令你拥有一个更快乐的职业。

这三个步骤是：

1. 和自己建立亲密关系。当我们讨论权力差距 1 的时候，有趣的一点是大部分人对自己知之甚少。她们无法回答这些基本又重要的问题，比如：①你轻松拥有的天赋、才能和技能是什么？②你希望获得什么样的结果？③你在工作中如何比他人表现出色？④你最喜欢和最讨厌的工作分别是什么？原因何在？⑤你没有商量余地的事情是什么？你不会妥协的价值观和诚信标准是什么？⑥你在生活里做了什么让自己心花怒放的事情？

如果你想要从事一份点燃你内心热情且有回报的工作，你首先要做的事情就是比现在更了解你自己。发现你在生活中喜爱的东西、讨厌的事物、让你发狂的事情、你想要发挥的天赋和才能、你关心的结果、你尊重的人，等等。

2. 不要担忧命运链条上未来会出现的环节。"过于为未来担忧是错误的，在命运的链条上，我们唯一能抓住的只有现在。"这句话据说是温斯顿·丘吉尔说的，我认为这句话对我们的职业来说是一句至理名言。

如果你试图仅仅基于想法、印象或观望来选择一个职业方向或工作岗位，把你所有成功的希望都寄托在一个你从没有验证过的想法上，这种做法是没有成效的。你必须要把握命运链条上的第一环。在没有了解一个新工作对你提出的必备条件和要求之前，在没有确定你真正追求的东西的本质之前，就贸然进入一个新行业，我把这种错误称为"抓住了错误的形式"。

例如，有很多职场人士告诉我，他们想辞掉自己在目前公司的工作，然后：

成为一名作家，写一本畅销书。

经营一家提供住宿和早餐的旅馆。

成为一名演员或歌手。

在非营利组织中工作。

在大学里教书。

成为一名律师。

成为一名职业指导师和激励他人的演讲者。

事实上是，大多数梦想转行到一个全新行业的人并不清楚这些新行业方向的要求，也不清楚这些新行业方向的

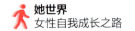

实际处境、生存现实情况和身份地位。他们不知道自己是否真的适合这些岗位。你在目前的行业工作多年，你确定不分好坏地摒弃一切东西是对你目前情况的正确做法吗？还是选择性地丢掉一些东西的同时保留使你快乐的东西会更好呢？所以，在迅速进入未经了解的新行业之前，你必须放慢脚步，通过各种途径先了解一下情况。

学会深入思考你向往这些理想工作背后的原因。如果你想成为一名受人尊敬的作家，是因为你终于可以让自己的观点得到验证和认可，还是因为你想大规模地对人们产生影响？如果你想成为一名律师，是因为你认为这会给你带来地位和金钱，还是因为你最终就是为了对一个特殊的诉讼案进行辩护并帮助那些正在努力克服具体困难的人？如果你想唱歌或表演，是因为你深深怀念童年时所追求的有创造性的活动吗？

在表达"我想这对我来说是正确的做法"之前，先迈出一小步，做点让自己快乐的、心跳加速的事情。它可以是一个爱好、一项事业、一种课程学习——参与让你活力四射的活动。现在先不要担心它是否会成为你的职业，赶紧去尝试不同的新事物，让你的内心充满激情，见证它将如何改变你。

3. 让自己变得强大。准备开创一个了不起的事业，我们需要强化与他人的个人边界和自我安全感。我们需要学习如何对我们想要的东西说"可以"，对不再可以容忍或没有可能性的东西说"不可以"。我们需要将自己从一些人和事中分离出来，因为这些人和事对我们怀揣的梦想予以打击，消耗我们的精力和时间，而且还告诉我们不配追求那些让我们充满激情和渴望的职业。

重要概念的理解

一份职业与一种使命感的对比

在指导人们取得生活和事业突破的过程中，我观察到让她们问自己这个问题会产生很大的影响："我是在渴望从事一份工作还是渴望拥有一种使命感？"我要求她们直言不讳地坦白地回答这个问题。这是两个完全不同的职业维度，它们完全不一样。很多人将它们混为一谈，或者想要两者兼顾。真相是，你不可能一下子从一个毫无意义的工作岗位换到一个有重要意义的工作岗位。

几年前，我读了一篇发人深省的文章，内容是"一份华尔街的工作无法匹配人生的使命感"，这篇文章的作者是彭博

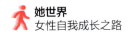
新闻社（Bloomberg）的专栏作家迈克尔·刘易斯（Michael Lewis）。他对使命感和工作之间的区别发表了极具感染力的见解，其中让我印象最深的是两个耐人寻味的概念：

"风险和回报之间有着直接的关系。一份回报丰厚的职业通常需要你承担巨大的风险。"

还有……

"你觉得使命感是非常有吸引力的事情，于是你最终沦落到整个人都是围绕着它打转——常常还会对自己的生活造成伤害。"

我非常赞同这一点。许多人都期盼拥有一个美好的、充满激情的事业，但在行动上却不愿意为实现这一目标而付出努力。他们常常认为，"如果只想做你喜欢的事，那你这辈子都没有工作的机会"。依照我的经验，这个观点是百分之百错误的。工作就是工作，具有挑战性，常常令人沮丧、恐惧和困惑。但是，如果你对你的工作充满激情，那么它就非常值得你投入所有的努力、时间和精力，因为这份工作会让你在变得充实的同时获得回报。

那么具体的要求是什么呢？

从事一份高回报率的职业（或追求使命感）你必须具备的特

征和特点是:

- 透彻地了解你自己是谁，你想追求什么东西。

- 专注一个持续性的承诺（这里指的不是"想"，而是指为实现你的追求而落实了行动的承诺）。

- 能量的源泉。

- 经常性和持续性地超越信仰和希望。

- 拥有自尊和自信，相信你的梦想是可以实现的，你值得拥有梦想。

- 展现开放的心态从错误中学习经验，在必要时寻求帮助。

- 了解通往成功道路的必备条件，必须正确认清现实。

- 具备风险接受度和容忍度，具备在不稳定和恐惧中前进的能力。

- 拥有强大的个人边界和处事不惊的态度，敢于为自己发声，保护自己，远离对你说"你这样做既疯狂又愚蠢"的那些人。

- 知道该听谁的，知道谁提供了正确的帮助，谁提供了错误的帮助。

拥有一个令人愉快的职业（和生活），关键是遵循你内心最真实的想法（而不是别人的）。弄清楚什么事情能点燃你的

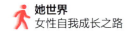
内心，激励你成为你想成为的人，然后行动起来。

学会对内探索自我

提出以下问题，在你将这些东西融入职业中去之前，确定什么是你以前没有意识到能吸引你或让你为之兴奋的追求。

1. 仔细看看生活中有什么事情能够吸引你的注意。你阅读的文字、观看和收听的内容以及关注的事物，想想它们吸引你的原因是什么？

2. 什么事情会让你在感到焦虑不安的同时还能逼迫自己去做？

3. 那些能激励和让你振奋的人在哪里？他们关注的是什么？

4. 如果你能免费学习一个项目或一门大学水平的课程，你想选择什么内容进行学习？

5. 什么事物会吸引你去帮助别人？

6. 你生活中有什么"困境"可以转化为信息传递给其他人？

7. 你希望自己具备哪些让自己兴奋不已的天赋或技能？

8. 你暗地里幻想从事什么行业，但觉得大声说出来又很愚蠢？

9. 如果你知道你不可能失败，一切事情都会有美好的结果，那么你会尝试做什么事情呢？

10. 你小时候喜欢做什么事情，而现在却错失良机？

11. 最后，是什么念头阻碍你追求和探索你可能喜欢做的工作？

学会对外采取行动

每个月我都会听到有人说："我真的想成为一名作家和有影响力的人！我想写一本书（或创办一个播客，等等）。"我的回应通常是这样的："很高兴听到这个消息！那么你现在动手写了吗？"我无法告诉你有多少人的回答是："呃，没有，我还没有开始写。"好吧，如果你还没有开始落笔写字，你就不可能写完整本书！

不要一直被困在你讨厌做的事情当中，也不要一直困在自己想要做事的幻想之中。每天都要敢于参与赋权行动，它会帮助你"尝试"你热衷追求的新方向，活在现实中，又不必丢弃你早已创造和取得的事物。

毕竟，作家的工作就是写作，老师的工作就是教书，研究人员的工作就是做研究，歌手的工作就是唱歌。如果你想做一些让你充满激情的惊人之举，那么你就必须开始采取行动了。

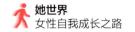

通过这些循环渐进的方法，你将学会实现你梦想的事情。

1.为了一个让你心潮澎湃的事业，参加志愿者项目。

2.创办一个网络日志（博客），推出一个网络视频日志（播客），或启动另一个能帮助你分享自己思维领导力的新方案。

3.如果你一直渴望为了创办你自己的咨询公司而离开公司，先找十个你最想与之谈话的人，听听他们对这个行业的反馈和见解以及转行成功的必要条件。

4.与财务顾问一起认真评估你的财务状况。弄清楚你在工作过渡期要如何养活自己。仔细评估你想要过上幸福的生活需要多少钱。

5.收听我的播客节目《寻找勇气》中采访马丁·鲁特（Martin Rutte）的内容，他在访谈中谈论了我们如何创造属于自己的独一无二的人间天堂。如果你回答了他提出的三个刨根问底的问题，那么这个月你将在创立你的"人间天堂"的道路上迈出有力的一步。

6.和五个你最好的朋友进行一次晚餐聚会，花些时间集思广益，想出一个激动人心的、全新的方法，让每个人都能利用自己现有的才能，帮助你找到一个令人心潮澎湃的工作方向。

7.进行被动（在线）和主动（亲自）的研究，探索三个让你激动不已的新工作方向。然后开始联系你认识的每个人，给他们分享你的想法，询问他们对此是否有建议或意见，问问他们是否知道谁会对你有帮助。

8.找你的搭档或配偶聊聊，确保他或她同意你去探索和追求一个激动人心的新工作方向。如果他们不同意，想一想你要如何处理这个问题。

9.获得正确的帮助，让你认识到自己完全有能力做你一直想做的事情，在筹划之前先看到（或请人帮助你看到）你未来的愿景。

积极重塑自我

在生活中，发生在我们身上的许多事情阻碍了我们坚信自己可以实现目标的信心，也阻碍了我们去成为自己想要成为的人。这是所有人都会面临的经历——他们曾经认为可能实现的事情，在岁月的流逝中早已被改变。请接受这个事实：我们经历的生活、我们不会选择的事情、我们不认为是"积极"的事情，它们都会发生。但要知道，你将独自承担自己生活的责任，

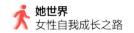

只有你自己才有动手能力去塑造自己生活中出现的一切。维克多·弗兰克尔①（Viktor Frankl）在其开创性的著作《活出生命的意义》（*Man's Search for Meaning*）中说过这样一句鼓舞人心的话：

一个人可能被剥夺一切，但在任何情况下，他选择自己的态度和道路的自由是无法被剥夺的，这就是人类最后的自由。

---

① 维克多·弗兰克尔（Viktor Frankl）（1905—1997），维也纳第三心理治疗学派——意义治疗与存在主义分析（Existential Psychoanalysis）学派的创办人。

62% 的人说
"确实存在"或
者"可能存在"
这种权力差距

7

权力差距 7：

用过去的精神创伤定义自己

存在这个权力差距的人常常会说："发生在我身上的事情已经把我毁了，我似乎无法忘记它，也无法战胜它。"

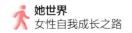
有时候，生活会对我们造成严重的伤害，给我们留下深深的精神创伤。在自己的人生旅途中，我们每个人都会经历痛苦、苦难、悲伤、孤立无援、被冷漠对待和精神创伤，没有人能够幸免于难。许多人亲身经历和亲眼见证的事情改变了他们的世界观和处事方式。有时候，痛苦和苦难让我们封闭自己，不再信任他人。有时候，痛苦和磨难使我们把伤痛转化为对世界的愤怒。然而，有些人即便是在被痛苦暂时击垮时，也能够找到一个方法让自己更加接近于真正的自己——更有爱心、同情心、乐于助人、慷慨大方、具有观察力、勇敢坚定和具有很强的适应能力。而有些人很幸运地知道如何将他们面临的情绪挑战转化为对世界提供帮助的新方式，这样他们就能在治愈自己的同时激励他人。

在我成为一名心理治疗师之前，我没有看见或意识到一件事情——那就是你生活中发生的所有事情，以及你将它融入你个性的方法——不仅会深深地影响你的个人生活，而且还会影响你的工作生活。在职场上的表现和做事方式能清楚地反映出你被过去的痛苦所束缚的痕迹。然而，当面临痛苦和困难时，选择做一些积极的事情可以改变一切。

如果我和一个陌生人交谈他们在工作中遇到的挑战，用不了 10 分钟，我就可以察觉到他们今天的努力挣扎是否是由过去的伤痛引起的。所以，我们每个人应该如何面对过去遭受的精神创伤和心碎，同时有效地治愈它，让我们的余生不会因此而被定义和限制呢？

为了探讨这个问题，我想与大家分享我的挚友谢丽尔·亨特（Cheryl Hunter）引人入胜的故事，这是一个关于她治愈自己精神创伤的真实故事。她是一个优秀的榜样，向人们展示了深度的精神创伤是如何转化为自身的成长以及对他人的帮助的。与此同时，她的经历还可以告诉我们，即使在经历了可怕的痛苦和磨难之后，我们也能创造对他人有帮助的美好而快乐的生活。

在我认识谢丽尔之前，她联系我的方式让人感到很愉快，在她写给我的电子邮件中，她分享了我的工作和观点对她产生的意义。她非常礼貌大方地询问我是否可以去观看她在 TEDx 上的演讲《禅寂：残缺之美的壮丽》（*WabiSabi: The Magnificence of Imperfection*），她希望我对这个演讲能感兴趣。在读完这封来自陌生人的邮件后，尽管我当时只有几分钟的空闲时间，但我还是觉得必须马上去看看她的演讲。她故事中传递出来的希望和快速恢复能力吸引了我，让我感动得流下了眼

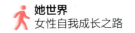

泪。我立即给她回了信，而且觉得必须要联系她。过了这么多年，我们早已成为好朋友，而且还在让我们得到心灵对话治疗的项目中进行合作。

谢丽尔的故事详细地介绍了她在年轻时经历的可怕创伤——这将以不可逆转的方式击垮不少人，使她们无法继续过上成功的生活。但谢丽尔找到了一种方法来治愈自己过去的创伤，从中走出来并让自己变得更强大，更接近于她真正的自己。她利用自己的经历打造出了一条全新的、让人满怀激动的职业道路，为他人的成长提供帮助。

谢丽尔的个人经历自述：

我在美国科罗拉多州偏远的落基山脉地区的一个马场里长大。我们住在高山草甸之上，那是一个非常偏远的地方，因此从牧场一眼望去，看不见任何现代文明的迹象。

小时候我很喜欢这里，我认为自己很幸运，因为我们住在天堂。不过，到了十几岁的时候，我就想出去走走。我渴望接触文明、文化和建筑，我还想尝试各个地方不同的美食。我想选择一个地方居住，在那里不用穿美国西部牛仔式的靴筒和牛仔裤，而是可以穿上我在杂志里看到的衣服。最重要的是，我渴望去一个有人的地方。我想接触不同的人，和他们见面交谈，慢慢了解他们。我渴望见到那些不同于我认识的那些在受到保护的世界里长大的牛仔男孩和女孩。我渴望见到来自不同文化背景的人，他们说着和我不一样的语言。我渴望向他们学习，听他们说话，通过他们的视野去看世界。

我痴迷于构想我自己的生活蓝图：找到一个"逃离"科罗拉多落基山脉地区的方法。每天早上我睁开眼睛的第一件事就是考虑这个问题，每天晚上在我昏昏欲睡之前，考虑的最后一件事情也是它。我每天都在课堂上做白日梦，想象着当我最终去了大城市，生活会是什么样子，以及到了那里，我会遇到谁，我们会一起做什么。

有一天，我逃课后想出了我的生活蓝图。那天当我走出校园后，我跳上了我的迷你自行车，去了科罗拉多州①，骑车来回花了一个小时——这是离我最近的一个有商店的小镇，我拿起一本名叫《魅力》(*Glamour*)的女性时尚周刊杂志。果然，杂志里的一篇文章正好为我制订了计划：我可以成为一名模特！文章说，他们一直在寻找时尚界的模特，这些模特可以住在世界上最令人向往的地方：巴黎、伦敦、米兰和纽约。

就这么办吧。我做出了一个无法改变的决定：我会成为一名

---

① 科罗拉多州首府和最大城市为丹佛 (Denver)。——编者注

模特。如果我被选中成为模特，我肯定能冲出科罗拉多这个牛仔之乡——这里没有出过一个模特，所以我的父母必须允许我去当模特。我相信我可以做到，毕竟我有当模特的身高，我的个子高得可以当男子篮球队员了。我需要做的就是去一个需要模特的地方，没有必要去达拉斯、迈阿密或芝加哥这样的地方虚度光阴，我决定直接去欧洲。我说服了我最好的朋友和我一起去，我们各自找了几份工作，把赚来的钱全部都存了起来……重要的日子终于来了，我带着一个取名为"大象"的超大号行李箱和我的梦想一起去了机场。

我们的飞机刚落地在法国机场，一个脖子上挂着花里胡哨大相机的男人就向我走来。他问我是不是一名模特，他告诉我，如果我跟他和他那个站在远处的长得像"绿巨人"体型的朋友一起走，他可以让我成为一名模特。

不会吧！在法国成为一名模特就这么容易吗？我以为世界都是一样的美好，我觉得这就是命中注定的信号。马上，我开始做起了白日梦，幻想当我成为一名真正的模特时，我的生活会是什么样子！

我最好的朋友插嘴打断了我的白日梦："你不可以跟那些讨厌鬼一起走。"但她不知道也不关心我的生活蓝图，这次旅行后，她对留在大城市没有什么兴趣，她只想回到美国，恢复正常的生活。

因此，我做了任何一个怀揣梦想的聪明女孩都会做的事：我甩掉了她。我和那个拿着相机的人以及他的朋友一起偷偷溜走了。

没想到，接下来他们给我下药，把我带到一个废弃的建筑工地。他们无情地殴打我，不停地给我下药，让我躺在一个水泥地板的房间里，我一个人躺在自己的一摊尿液中。除了他们来看我的时候，我都是独自一个人待在那里。他们经常来看我，你可以脑补那些血淋淋的场景。几天后，他们把我扔在丁尼斯市的一个公园里。我趁机赶紧逃命。

我因恐惧而浑身瘫软，我不敢告诉我的家人，我也没有告诉我的朋友，我不能这样做。当我回到好朋友的身边时，我浑身是伤、惊慌失措、胆战心惊……而我们一直没有再提及这件事。在我们当时那个年龄阶段，只希望事情能够赶紧过去，而不是进行艰难地沟通。

除了害怕——我不知道他们为什么把我带走……或者，更重要的是，他们为什么让我走，我到现在也还没有想明白。在我看来，我已经被毁了：我很脏、很恶心、受到了伤害和猥亵，我的生命已经耗尽并开始腐烂。如果有人知道发生了什么事情，他们就会知道发生在我身上所有的事情，所以我决定把事情压下去，假装它从未发生过。从那以后，我变得孤僻、不合群。我成了一个孤独的人。我不知道还能做什么。我不能再回家了，所以我成

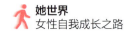

了一名模特，这种生活方式真的很适合我。在我做模特的这些年里，从来没有人要求跟我谈心，我渐渐找回了自己。

"这山望着那山高"的观念在模特圈特别流行。我的每一个经纪人都希望我去其他地方工作，因为他们认为要去的地方比我们目前所在的地方更吸引人。我在巴黎的经纪人让我去纽约，我在米兰的经纪人让我去巴黎，我在伦敦的经纪人让我去日本。也正是因为去了日本，我的人生出现了转机。

除了模特的拍摄工作，我在日本工作期间都是待在我的经纪公司里。它有一个完全没有使用的大会议室，除了业主的祖父母，没有人会去那里。我喜欢那两位老人，他们话不多，喜欢静静地坐着看书。他们就像我的家人，我和他们一起度过的时间和我与父母和祖父母待在一起的时间一样多，只是我们大部分的时间都不说话。完美。这正是医生要求我做的事情。

有一天，我坐在会议室里，像往常一样陷入沉思，策划着如何报复那两个法国恶棍。在我做白日梦的时候，我会心不在焉地用手指在会议室里的大木桌上勾画轮廓。这张桌子可能有 10 英尺^① 长，它是由一整块实木雕刻而成的。桌子很好看，但桌面上却满是划痕、翘起的木皮和凹痕，木头上所有的疙瘩都被保留了

---

① 英尺：英制计算长度的单位。1 英尺 =0.3048 米。——译者注

下来。桌子的另一端要窄一些，也保留了木头原生的宽窄。当祖母走进会议室时，她看见我正在用手指勾画着桌上的一处凹痕。

"禅寂。"她说。这一声把我从恍惚中惊醒。

"什么？那是什么？"我问，"你是说芥末①？就是寿司里的那个绿色东西？"

祖父低声笑了起来。然后他们两个人轮流告诉我他们对禅寂的理解。根据祖父的说法，这是"所有日本道德原则中最重要的内容"。

禅寂指的是，任何物体的美都来自"它的缺陷"。物体出现的那些畸形、错误和失误实际上都是被选出来并有意保留下来的。

祖母说，要从对比中发现美。因此，只有当一个物体在同样程度上体现出了不完美时，它才能被视为体现了完美。他们的说法让我大吃一惊，我拿起我的东西离开了那里，为了放空自己，我去散了散步。我一边走一边想，"这是否意味着禅寂的原则甚至可以适用于……我？"

自那两个法国恶棍把我释放后，我就被负罪感所吞噬，并且对生活失去了信心。我对自己过于苛刻，脑子里全是消极的自言自语。我很沮丧，也很绝望，我无法摆脱这个困境，无法将自己

① 禅寂（Wabi-sabi）与芥末（wasabi）在日本中发音类似。——编者注

从困境中拉出来——不管我多么努力。这让我充满了焦虑、恐慌和对未来的恐惧。最糟糕的是，我觉得自己注定要重蹈覆辙。

当然，我也有过片刻的缓和情绪——比如我在日本和业主祖父母度过的那段愉快时光——尽管只是短暂的时光。我无法让在自己脑海中充满负面情绪的尖叫声安静下来。

同时，我也成了一名受人仰慕的成功模特。我是全世界可口可乐的封面女孩，在《时尚》（Vogue）杂志和所有主流的杂志上都有过专题报道，但我的内心世界却是一片狼藉。我远离人群，这样就没有人会发现我受到过多大的伤害。

我不能再这样生活下去了，我必须对此采取行动。我只是想让自己感觉好一点。因此，我做了一件有些疯狂的事。我走出家门，开始寻找那些经历过比我的还糟糕十倍的事情的人。

我在一家养老院做志愿者，那里的老人都是大屠杀的幸存者，通过志愿服务工作，我可以和他们交谈。我想，他们能够熬过曾经经历过的一切苦难，那么我肯定也能做到。

我尽可能多地采访了那些愿意讲述自己故事的人，我从中学到了不少的东西。然后我继续去采访那些上过战场的退伍老兵、第一批赶到"9·11"恐怖袭击事件现场的救援人员，以及亲历过各种悲剧和精神创伤的人。随着时间的推移，我慢慢了解了这些人和他们所经历的苦难，我意识到他们当中的一些人还没能走出精神创伤，而且可能永远也走不出来，他们的余生都将被其所困扰。

我也意识到，有那么一小部分人，不管曾经有过什么苦难，他们的生活都充满了快乐和成功。这些人把需要做的事情都处理好了，他们在生活中拥有很好的人际关系，身边都是一群爱他们的人。大致来说，他们的生活就是我们想要拥有的理想状态。

随着我的深入了解，我发现那些获得快乐和成功的人都做了四件事，而其他人都没有这么做。我把这四件事分开来考虑，然后把它们运用到我的生活当中。然后，我要告诉你的事情是，这样的做法拯救了我。

当人们看到我的生活发生了改变时，他们也想加入我的行列，他们也希望能通过完成这四件事情来改变自己的生活。我便开始带领他们一起这样做，然后取得了惊人的成果。现在已经过去二十年了，我已经帮助成千上万的人摆脱了困境。今年，我重点关注了一个新的方向：帮助人们将他们的生活中重要的和吸引人的思想挖掘出来并传播到全世界，以此来帮助他人得以改变。作为亲历者，我知道这样做可以帮助人们把生活变得更好。

谢丽尔通过她的工作发现了四个勇敢治愈的方法：

1. 帮助他人。帮助你自己成为你希望成为的那个人。将注

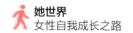

意力从自己身上转移到另一个人的身上，这是为数不多的可以让你从感到痛苦的环境和想法中解脱出来的其中一个方法，同时也给你自己提供了一个必要的视角转换。无论我们的处境多么糟糕，总有一些人的处境比我们更糟糕。帮助他人的行为会给他们带来持续性的变化，而你从中学到的东西则可以激励和抚慰你的灵魂，这是任何其他事情都无法做到的。

2. 控制你能控制的事情。显然，我们无法控制发生在我们身上的所有事情，但我们可以控制对此要做出什么样的反应。健康饮食、积极运动、充足的睡眠、祷告、花时间高质量地陪伴家人，或任何能让你集中精力和感到踏实的事情——当你思路混乱时，做这些事情是至关重要的。尽快回归正常的生活，因为痛苦的事情会让你对生活产生陌生感和失控感。

3. 构建可以支持你的强大人脉圈。与其孤立无援，不如与人联系。治愈伤痛最好的办法就是融入人群。如果你没有一个可以支持你的人脉圈，那就组织一个吧，把身边关爱你的家人和朋友，甚至你还不熟悉的人都加入你的人脉圈里。在寻求他们支持的同时，也要贡献你对人脉圈的支持。你要明白他们可能和你一样，都被过去的伤痛所击垮。能帮助你们之间治愈内心伤痛的事情就是让大家都参与进来，共同为彼此做出贡献。

4. 奋勇向前。一般来说，我们应该用这样的心态看待挑战、变化和逆境：我们希望当我们面对它们时，我们能集中足够的意志力和聚集内心的毅力迅速恢复正常，不会因为经历了挣扎而让事情变得更糟。

这是一种让人筋疲力尽且存在已久的问题。学会恢复正常这个方法与我过去二十年里学到的所有知识背道而驰：换句话说，面对挑战能全身心投入的那些人，在其他方面会表现得更好。"恢复正常"整个概念的重点是能够尽快地恢复到之前的正常状态。但是，一旦你经历了艰巨的挑战，你就会被改变，所以真的没有回头路了。因此，当我们可以奋勇前进的时候，为什么要专注于恢复如常呢？

奋勇前进就是面对挑战，选择一条更好的道路，让你在面临挑战后成为更厉害的自己。

我发现谢丽尔的故事在很多方面都很鼓舞人心。首先，她现在是著名的大师级的职业指导师和作家，不仅帮助成千上万的人成为"幸存者"，而且还让他们体验到了真正的快速恢复能力。与此同时，他们讲述自己的生活，因为他们已经获得了成长，不再是以前那个遭受精神创伤的人了。谢丽尔在"把她自己的困境变成了一种思想"的同时，继续创建教育框架，让人们赋予自己力量，让现在的自己摆脱困境，改变了他们的生活方向。

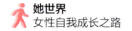

其次，她很勇敢，敢于以 TEDx 演讲这样的公开形式来讲述她的故事，她的演讲吸引了近 50 万人次观看。遭遇精神创伤是一回事，但通过公开谈论和分享的形式一遍又一遍地回忆自己的遭遇又是另一回事——当我们敞开心扉、展示自己真实而脆弱的一面并讲述我们的真实故事时，要学会应对那些并非总是充满同情心的回应和评论。

实现你的权力转变

勇敢的治愈之路

在我们试图探索如何确保你不会被过去的遭遇所定义和囚禁之前，让我们先来谈谈"精神创伤"究竟是什么。

在成为心理治疗师和职业指导师之前，我很少使用"精神创伤"这个词。因为我没发现居然有上百万的人受到了严重的伤害、恐惧和痛苦，实际上这就是精神创伤——他们可能因为某一件事情而遭受打击，也可能经历了一系列让他们感到痛苦的事件。但现在我的认识不同了。我听说成千上万的人在他们的生活、事业和人际关系中经历过伤害和令人深感不安的事，这些经历发生在一瞬间或持续了若干年，并且对他们的正常工作和健康产生了极大的影响。令人惊讶的是，我们过去的精神创伤造成的影响会体现在我们的工作当中。

根据焦虑症研究中心（the Center for Anxiety Disorders）的说法，精神创伤可以被定义为"对某一件或某一次让你深感痛苦或不安的事情或经历所做出的心理上、情绪上的反应。如果应用范围更广一些，精神创伤可以指一些令人不安的事情。比如，发生事故、生病或受伤、失去亲人或经历离婚。而且，它还可以包括更极端的情况，包括严重的破坏行为，如强奸或虐待"。

但我已经发现一些微不足道的小事也可以造成精神创伤，而其他人甚至不会意识到我们生活中经历的这些小事也会让我们感到不安或者心碎。就在我写这篇文章的时候，我也刚刚遭受了精神创伤，它与我一起旅行的那群人有关。我看到的一些行为对我造成了伤害，让我吃了一惊。这算不算世界上最大的事情呢？不算。但它还是让我心碎，在很长一段时间里，我心里都为此感到十分不安。之后，我对这些人有了不同的看法。事实上，事后我对自己也有了不同的看法。

精神创伤有等级划分（从最小到最大），但评估精神创伤所产生的影响却完全是主观行为。如果你被某件事情所压垮（无论你自己或其他人认为你是否应该被压垮），这都属于精神创伤。

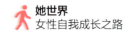

在指导职业女性时，我看到了无数遭遇精神创伤的例子，职场上常常会给人造成精神创伤的事情包括：

1.被性骚扰、虐待、被歧视。

2.你被告知不能取得成功的原因是你不够聪明或能力不强，并且永远都不可能获得成功。

3.在没有接到通知的情况下被解雇或裁员，像垃圾一样被人踢到路边。

4.与自恋型、背后捅刀子型、负能量型的同事一起工作，他们（真的）想把你干掉。

5.向你信任的老板和你觉得尊重你的老板汇报事情，但他却以恶毒的、公开的方式背叛了你。

6.多年来一直辛勤工作，你付出了所有的努力，却被一个没有经验、比你年轻很多的人所取代，只因为他是一名男性。

7.你被一次又一次地欺骗，并且得知他们认为你是个偏执狂，但是你所经历的事情并没有发生［这在自恋者的世界里被称为"煤气灯效应"（gaslighting）①］。

---

① 煤气灯效应（gaslighting）：又叫认知否定，实际上是一种通过"扭曲"受害者眼中的真实认知，从而对受害者进行的心理操控和洗脑的方式。——译者注

8. 你在一个项目里取得的出色成果被你团队中的某个人剽窃了,而且那个人还因此得到了认可和提拔。

9. 你被告知是一个糟糕的领导者和沟通者,而事实上你是一个优秀的领导者和沟通者,只是你没有像那些在企业文化中占主导地位的人那样做。

10. 你申请了一份又一份的工作,却没有进展,也没有获得第二次面试的机会,你感觉自己受到了冷落和忽视。

这样的例子不胜枚举。

这些经历让我们受到打击和感到困惑,无法重新平衡和调整生活。我们长期感觉"不正常",于是,我们的信心就此破灭。我们开始感到抑郁、缺乏动力和孤立无援。我们开始猜测自己的每一句话和每一个想法,并相信我们没有想象中那么好或那么有价值。我们怀疑自己的能力,怀疑自己的喜好,怀疑自己的才能,怀疑自己接受的培训。这导致我们把自己隐藏起来,不再像以前那样自信大胆地表达自己的观点和公开分享自己的想法,不再像以前那样充满活力地与他人进行交流,我们常常只想躲起来。

在我自己的生活中,裁员让我结束了我的公司生活,这对我的自尊心造成了很大的打击,我从一个积极乐观、开朗外向和爱交际的人变成了一个躲避人群、不爱说话、不爱联系他人的人，因为我害怕被人发现在我身上发生的事情，害怕这会使我在他人的眼中变成了一个有缺陷的人。

我花费了更多的时间来阻止内心产生严重的羞愧感，而这种羞愧感则是源于自己所认定的失败。接着，我用不同的方法和更有成效、更加积极的态度来看待发生在我身上的事情，这造就了今天的我。

当我们能够学会直面痛苦，不再逃避它，重新调整我们处理事情的方式，重新改变我们讲述自己经历的方式，我们才能够治愈自己，才更加接近真正的自己，生活才会绽放光彩。

谢丽尔分享了关于她祖母鼓舞人心的故事和另一个类似的精彩故事：

我的祖母约瑟芬（Josephine）是一名"女铆钉工[①]"——二战期间，她在一家钢铁厂工作。祖母经常给我讲她炼钢的故事，她说，炼钢的高炉里有着"地球上温度最高的火"。她告诉我，他

[①] 女铆钉工是美国的一个文化象征，代表第二次世界大战期间 600 万名进入制造业工厂工作的女性（这些工作传统上是由男性做的）。女铆钉工的形象被当成女性主义以及女性经济力量的象征。美国开始接受女性穿裤子也归功于女铆钉工。——译者注

们的工作时从原材料铁矿石开始接手，把铁矿石放进熊熊燃烧的炼钢炉里，一遍又一遍地烧掉杂质，直到把钢炼出来。她告诉我，当钢被加热时，就意味着它经过了火的洗礼，因为所有的杂质都被烧掉了。她认为钢是"人类已知的最坚硬、最耐用的物质"。她常会笑着说："而它要做的就是忍受火的考验！"

作为一名女性，我以为她只是在谈论钢铁。而现在我意识到，生活会对我们每个人产生同样的影响，这是不可否认的。在生活中，我们每个人都要经历火一般的考验。我们无法逃避它，我们能做的就是决定它是要把我们烧掉，还是要把我们熔炼得像钢铁一样，让我们经历了火的考验而变得更好、更强。这也是你的选择。

学会对内探索自我

问问以下问题，它们会帮助你发现过去的经历是如何束缚了你，然后你需要治愈什么问题才能让你向着最高愿景和目标迈进：

1. 我通过讲述什么样的往事来告诉自己我是谁？是哪些发生在我身上的事情让我成了受害者，把我困在了那些讨厌的人的身边？

2. 我把我所有的权力交给了谁？

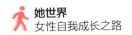

3. 是什么事情让我觉得自己毫无价值，没有用处？

4. 是什么让我继续相信我不够好或不如别人那么好？

5. 我怎样才能改变我讲述往事的内容，转而讲述一些让自己变得更积极、更奋进、更有同情心的新故事？

6. 精神创伤的经历可能会给我带来什么收获？

7. 我从过去的这段经历中学到了什么东西，让我变得更好、更有能力、更坚强、恢复力更强，而没有这段经历前我却没有这些改变？

8. 这段过去的经历可以在哪些方面给我提供机会，让我最终在这个世界上做一些更有意义、更有影响力的事情？

9. 它在我的生活中为我开启了哪些新的大门？

10. 现在通过公开分享全新的、更有影响力和激励人心的关于我自己的故事，我能够给谁提供帮助？这个故事也传达了哪些我所经历的积极和激励人心的事情？

学会对外采取行动

我们该如何参与或推进勇敢的治愈行动，确保我们不会被过去的事情所囚禁？

采取"勇敢治愈行动"的措施，去面对（而不是逃避）你曾经的精神创伤和遭遇过的挑战，它将帮助你克服过去给你带来的影响，让你成为你想成为的人。

我发现五个有力的措施可以让我们基于过往的经历走上一条治愈自己的道路，通过治愈行动把那些坏的、令人不快的和深刻的痛苦都转变成更强大、更有力的、恢复力更强的、更激励人心和更具影响力的东西。

这五个措施是：

1. 分享和处理你"见不得光的小秘密"。

我指导过的许多女性，她们心里都藏着我称为"见不得光的小秘密"——发生在她们身上的小秘密或已经成为她们生活和工作的一部分的那些小秘密。这些秘密让她们感到羞愧、尴尬和不自在——她们认为如果被发现，人们就会看到她们到底有多么不合格或没有价值。这么多的女性将这些无法忘记的秘密藏在心里，这使得她们无法得到舒展，甚至无法相信她们值得拥有一个让她们充满激情和有所回报的工作。

以下是我多年来从前来寻求职业帮助的人士那里得知的一些"见不得光的小秘密"：

（1）我没有完成学业从而没能拿到我的学位。

（2）我因为无能而被解雇过。

（3）一位高级主管曾告诉我的同事，我并不擅长我的工作。

（4）我在简历上造假了，我没有工作经验，也没有培训经历。

（5）我没有从事这份新工作所需的相关经验，也没有参加过相关培训。

（6）我的实际年龄比我谎报的要大一些。

（7）无论我从事什么工作，我总觉得自己不够好。

（8）无论我走到哪里，似乎别人都比我做得更好。

（9）我不具备做好这份工作所需的技能。

（10）人们认为我知道的比我实际知道得更多。

关于这些秘密所带来的问题是：随着时间的流逝，问题越来越大、越来越让人感到沮丧、越来越具有破坏性。它吞噬着你，让你越发感到羞耻和不值得，除非你停止在那条路上一直走下去。越难大声承认它的存在，它在你体内发酵的时间就越长。

● **学会倾诉。**首先，你要找一个可靠的、态度中立的人来倾诉你的秘密。找一位别人强烈推荐给你的职业指导师或心理治疗师，寻求他的指导，或者找一位能给你适当帮助的职业指导师或责任伙伴——他不评判你，而是在你未来愿景实现之前看到你身上的闪光点。我向你保证，当你找到合适的职业指导师或帮助你的人，与他分享这些时，你那些"见不得光的小秘密"就会突然失去所有的力量，在敞亮的日光下，它们无处可藏。一旦你把秘密说出，它们就会渐渐消失不见，同时也失去了对你的控制力。

- 赋予自己权力，处理存在的问题。你需要采取的第二个行动就是正面解决这些"见不得光的小秘密"，清除并彻底击败它。立刻行动起来会帮助你摆脱对自己的羞耻感，摆脱认为自己毫无价值和需要保密的想法。例如，如果你害怕被某人发现你没有顺利完成学业取得学位，那么你就去完成学位的学习。事情就是这么简单。不要找借口，你要马上行动起来。

- 以下的方法也可以解决你那些"见不得光的小秘密"：

（1）如果你被解雇了，而且你为此感到丢脸，那么就动脑筋想一想，证明这份工作辞退了你是一件正确的事情，因为你讨厌它，它也并不适合你。事实上，你要意识到这是上帝帮了你一个忙，把你从那份可怕的工作和负能量的工作环境中踢出局。

（2）如果你觉得自己的技能不足以让你胜任你的工作，在这种情况下你可以和你的老板谈谈（如果他是一个"靠谱"的人），然后告诉他如果你能参加一个高级课程的学习来打磨你想发展领域的技能（或认证、培训等），那么你的工作效率会大大得到提升。举个例子，当我在我工作的图书俱乐部公司负责市场调研时，我总是觉得自己不如别人，因为我从未学过统计学或研究方法方面的知识。我应该去听听统计学和研究方法方面的课，公司可能还会为我支付学习费用！但我从来没敢提出这个想法。

（3）如果你觉得你必须谎报自己的年龄才能保住现在的工作或找到一份新的工作，我想请你好好反思一下。的确，当今我们的职场中存在年龄偏见，但也有一些了不起的企业文化、优秀的老板和机构愿意接受成熟的员工，他们希望好好利用这些年长的员工拥有的相关技能和经验。

2. 你要知道过去不是你的全部，你的过去、现在和未来才是你的全部。

人类往往只能看到他们眼前的东西，也就是说，他们忘记了困难来临之前发生的一切事情。不要用你现在所处的位置去强调你的生活和价值观。现在花点时间来回忆一下你所做的一切——你所创造的一切和你所取得的一切。请写下你完成的和做出了贡献的那些了不起的成就。明白你所做的一切都造就了你自己，永远不要忘记这一点。不管在你身上发生了什么事情，请认识到自己是非常优秀、非常聪明、非常有才华和有价值的。

努力感受你对自己的负面评价。寻找一位心理治疗师，他可以帮助你发现是什么事情让你陷入痛苦或留下了精神创伤，尽力把它释放出来。不允许自己谈论或分析因过去的精神创伤而产生的想法、恐惧和行为，只会让我们所遭受的伤害一直持续下去。

请记住，如果你处于自己迫切想要做出改变的处境当中，这里只有两个积极的方法供你选择：要么改变这个处境，要么改变你对这个处境的想法和感受。

3. 把你混乱的局面变成能给他人提供帮助的一种思想。

正如谢丽尔和世界上许多经历过深重苦难的人一样，他们战胜了苦难，还帮助别人完成了同样的任务。把你在痛苦中取得的惊人的经验传授给别人，让他们学会如

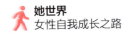
何提升自己，如何茁壮成长。

如果你在生意上惨遭失败，但后来找到方法取得了成功，那就把你的经验传授给别人；如果你曾遭受职场暴力，但这让你变得更加强大，学会了设立更好的个人边界去确保此类事情永远不会再发生，那就把你的经验传授给别人；如果你从自己的不幸经历和痛苦挣扎中学到了一些有影响力的教训，那就把这些重要的教训传授给别人，这样他们就可以避开你所经历的痛苦。总之，你可以用你现在的一切来帮助他人提升自己。

4. 认识到虽然你的一些决定导致了你产生痛苦或遭遇精神创伤，但这并不意味着你"活该"。

很多人在"我活该遭受这种痛苦"的想法里迷失了方向。在我看来，这是一个有误导性的概念。我看到我们可以变得更强大、更快乐、更成功的方式是转变我们的心态，理解发生在我们身上的一切。那么我们终于可以不再把所发生的事情看成是我们自己的不完美和缺陷所导致的。你并不应该经历这种精神创伤，但你确实遭遇了这种经历，现在你打算怎么做？

5. 接受这样的事实：巨大的成功、快乐和回报并不只发生在少数人的身上。

你越是能够理解每个人（包括你自己）都是值得而且能够拥有令人惊奇的、快乐的生活和事业，而且理解这些不仅是少数人能够做到的，你就会越早学会对内探索自我和对外采取行动，建立你梦想中的让人惊叹的生活和事业。但首先，你必须让你的每一个细胞都接受这个观点：你值得拥有很多的快乐、回报和满足。

积极重塑自我

如果你遭受的精神创伤或痛苦的经历以某种方式让你的最大利益遭到损害了，这意味着什么？

是的，你被解雇了，或者你被虐待了，或者被你所爱的人和所信任的人背叛了。请你现在好好地看看那段痛苦的经历到底为你带来了什么，也就是它所提供的礼物——如果没有它，根本不可能有这个礼物。

那次解雇给了你什么？也许是在法律上抗争的力量，并最终体验到自己是一个会为了应得的东西而奋斗的人。

那次背叛给了你什么？也许是一股最终站出来面对错误行

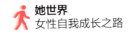

为的动力，并将那些会给你造成伤害的人赶出你的生活。

被一个比你年轻得多却没有相关工作经验的人超越，这件事教会了你什么？对你有什么帮助？也许你所在的企业文化并不重视你的优秀技能和工作经验，那么现在是时候到尊重你所作所为的企业中去谋一份职业。

你经历的那次令人沮丧的公之于众的"失败"给你带来了什么？也许是这样的知识：我们都会失败，而当我们学会了如何从失败中振作起来，并从中学到了教训和获得了成长时，成功就在我们的掌握之中，而这反过来又会激励成千上万的人做同样的事。

那段令人心碎的人际关系教会了你什么？你其实比你认识到的自己要强大，而且更有价值，更值得获得关爱、支持和忠诚——而且你再也不会满足于此。

最后，本书提供了七种路径，高效地解决了你感到"不如别人"的地方——渴望更加热爱你的工作，你的价值被他人认可，并在工作中收获回报、发挥影响力和获得满足感。它提供了鼓舞人心的真实故事、策略、解决方案和技巧，帮助你成为最强大的自己，这样你就可以去做你渴望在这个世界上做的工作，发挥你梦寐以求的影响力，过上你将留下让你感到自豪和感激的遗产的生活。

正如我们所探索的那样，让你成为最强大的自己的路径，它的起点和终点分别是：

（1）勇敢地审视自己——把自己看成是一个了不起的、有才华的、有价值的人。

（2）勇敢地表达自己——更自信、更有把握地说话，为了获得支持而表达你的想法和计划。

（3）勇敢地开口索取——开口索取那些你需要和想要的东西，然后让它变为现实。

（4）勇敢地建立人脉圈——与那些了不起的人建立关系，他们会培养你，帮助你获得提升，给你以及你的梦想提供支持。

（5）勇敢地面对挑战——对你身边的世界存在的错误提出质疑，然后对此采取一些有力的、有效的措施。

（6）勇敢地帮助他人——利用你的一切资源做你喜欢的工作，然后在这个过程中改变和改善人们的生活。

（7）勇敢地治愈自己——从过去的痛苦中治愈自己，然后用它来实现你的最高期许。

本书致力于传授我在三十年前就希望知道的一些经验教训，

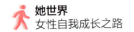
因为如果我能提前知道这些原则和想法，我就能避免让自己遭受许多的痛苦和折磨，避免失去时间和机遇。

本书旨在传授你知识，让你知道你能够利用好生活赋予你的一切，同时帮助你理解，你今天所处的位置是完美的，它正好是一个起点，让你能够成为你想成为的人和做你想做的事情。

它要求你最终明白，你值得而且应该拥有一个美好的、丰富多彩的、富有影响力的生活和事业，这会让你心花怒放，并在这个过程中帮助他人获得提升。但是，为了做到这一点，你每天都需要勇敢地去争取和索取它。

我希望这些故事和策略能对你有所启发、有所帮助。我从心底里把它们送给你，我祝愿你拥有一个富有影响力和充满激情的生活和事业，让你每天都因为做你自己而感到自豪和快乐，并热情地分享你的自豪和快乐。送给你勇敢而大胆的爱。

——凯西

作者简介

凯西·卡普里诺（Kathy Caprino），硕士，国际公认的职业和领导力指导师、作家、演讲家和教育家，她一直致力于提高女性的商业地位。同时，她还是一个企业的前副总裁、一名训练有素的婚姻和家庭治疗师、经验丰富的行政人员指导师、《福布斯》杂志的（*Forbes*）资深撰稿人，以及《崩溃即突破》的作者。凯西的核心使命是支持"寻找勇气"的全球运动，希望激励和赋权妇女，缩小她们的权力差距，创造更多的影响，并在世界范围内做出她们期望的改变。

凯西是凯西·卡普里诺有限责任公司的创始人兼总裁，该公司是一家为职业女性提供职业、领导力发展计划和资源的最好的职业指导和行政咨询公司，他们的产品包括优秀的职业项目课程（*Amazing Career Project*）、播客节目《寻找勇气》、针对职业指导师进行的职业认证培训以及她的职业突破指导计划（*Career Breakthrough Coaching*）。她是荣升媒体咨询公司（Thrive Global）和领英网（LinkedIn）上的主流声音，也是TEDx演讲平台的一员和主旨发言人。